中国軍・韓国軍との[illegible]見えてくる

アジア最強の自衛隊の実力

自衛隊の謎検証委員会 編

彩図社

JN238579

【カバー写真引用元】
・「E - 767」（左上）（航空自衛隊 HP【http://www.mod.go.jp/asdf/】」）
・「ひゅうが」（上中央）（「海上自衛隊 HP【http://www.mod.go.jp/msdf/】」）
・朴槿恵氏（©Greek Foreign Ministry and licensed for reuse under this Creative Commons Licence）
・中国軍の戦闘機「J - 10」（左下）（©mxiong and licensed for reuse under this Creative Commons Licence）
・韓国旗の写真（©J. Patrick Fischer and licensed for reuse under this Creative Commons Licence）

【背表紙の写真引用元】
・自衛隊の 10 式戦車（©Los688 and licensed for reuse under this Creative Commons Licence）

【裏表紙の写真引用元】
・富士山と海自の航空機（「海上自衛隊 HP【http://www.mod.go.jp/msdf/】」）

【各章扉の写真引用元】
・本扉の写真（「海上自衛隊 HP【http://www.mod.go.jp/msdf/】」）
・1 章扉の写真（「陸上自衛隊 HP【http://www.mod.go.jp/gsdf/】」）
・2 章扉の写真（「海上自衛隊 HP【http://www.mod.go.jp/msdf/】」）
・3 章扉の写真（© 本屋 and licensed for reuse under this Creative Commons Licence）

はじめに

近年は、日本とその周辺国の間が「きな臭い」。

その原因の1つが、領土問題だ。

現在、日本と国土の領有について揉めている相手は、主に中国・韓国・ロシアの3ヶ国である。

この3ヶ国が、それぞれ日本固有の領土である「尖閣諸島」「竹島」「北方領土」の領有を主張し、竹島と北方領土については、韓国とロシアに実効支配されてしまっている。

ただし最近、ロシアは日本と話し合う姿勢も見せてきており、2013年2月には、元首相・森喜朗氏との会談で、プーチン大統領が北方領土問題について、「双方が受け入れ可能な解決策」を探ることが重要だという見解を示した。

日本が主張している「4島一括返還」が実現するまでの道のりは依然険しいが、それでも、領土問題解決の糸口さえ見えないような状況よりははるかにマシだと言える。

そんなロシアに対して、**中国・韓国は、一歩たりともひこうとしない**。

とりわけ、中国に関して言えば、かつては尖閣諸島に対する興味などまったく持っていなかった。

にもかかわらず、1968年に、石油や天然ガスなどといった豊富な地下資源が尖閣諸島の周辺海域に眠っていることが調査で判明すると、**突如として領有権を主張し始めた**のである。

さらにその後、軍事的な理由でも、中国にとって尖閣諸島とその周辺海域は大事な場所になってきたため、なお一層尖閣諸島を欲するようになった。

なぜなら、中国海軍の艦隊が外洋に出る場合、琉球列島から尖閣諸島の間の海域は重要なルートとなる。

したがってここを押さえてしまえば、太平洋における軍事的優位を確保することができ、胡錦濤《フージンタオ》政権から続く海洋権益拡大路線を、次の習近平《シージンピン》政権がさらに強固にすることが可能になるのだ。

そして現在、尖閣諸島付近では、中国の漁業監視船が日本領海へ侵入を繰り返し、さらに、2013年1月には、中国海軍のフリゲート艦（小型の駆逐艦）「江衛Ⅱ型」が、海上自衛隊の護衛艦「ゆうだち」に対して「射撃管制用レーダー」を照射するという事件まで起きている。

これは、江衛Ⅱ型がゆうだちを「ロックオン」したということで、すなわち、**即座に攻撃できる状態**だったのである。

完全に度が過ぎるこの挑発行為に対し、むろん、日本政府は中国に対して抗議を行ったが、中国は「日本の捏造」などと主張するばかりで、謝罪することはなかった。

そして今後も、しばらくは尖閣諸島周辺で日中間の緊張状態が続くと見られている。

一方、韓国にとっての竹島は、中国にとっての尖閣諸島とは事情が異なる。

竹島周辺には特に豊富な地下資源が存在するわけではなく、水産資源は豊富だが、それが竹島の領有を主張する最大の理由ではない。

韓国にとって竹島は、自国の**「プライド」**なのである。

長く日本の統治下にあった韓国では、戦後、日本から竹島を奪い、実効支配してきたことが国民の誇りとなっているのだ。

また、大統領の支持率が下がっているときなどは、竹島問題を国内で煽ることで、国民の怒りの矛先を日本へ転化させるという役割もある。

それでも、韓国の大統領自らが竹島へ上陸するという例はなかったのだが、2012年8月に、**当時の大統領・李明博《イミョンバク》氏が初めて竹島に上陸**し、日本で大きな波紋を呼んだ。

この事件がきっかけで、日韓関係が悪化したことは言うまでもないだろう。

そして2013年2月、韓国では初の女性大統領・朴槿恵《パククネ》氏が就任したが、今後、日本と信頼関係を築いていけるかは未知数である。

また、中国・韓国とは違い、領土問題で揉めているわけではないが、相変わらず目が離せないのが北朝鮮だ。

2011年末の金正日《キムジョンイル》総書記の死去に伴い、金正恩《キムジョンウン》氏が最高指導者になった北朝鮮は、以前と変わらず「瀬戸際外交」を続けており、2012年末には事実上の長距離弾道ミサイルの発射実験を、続いて2013年2月には核実験を強行した。

このような状況の中で、**日本の国防を担う「自衛隊」の重要度は、より一層増してきている**。

なぜなら、可能性は低いだろうが、緊張が続いている以上、今後、これらアジアの近隣国と軍事衝突が起こる確率がゼロだとは言い切れないからだ。

そこで本書では、主に中国軍・韓国軍と比較して、日本の自衛隊はどれほど戦えるのかということについて検証した。

そして結論から言えば、自衛隊は強い。

特に、**兵器の性能や隊員の能力で考えれば、「アジア最強」と言っても過言ではない**のである。

ただし、他国軍と比べて多過ぎる制約や同盟国・アメリカとの関係など、まったく問題がないわけではなく、それらについても、日本及び自衛隊が現状抱えている「課題」として触れている。

ともあれ、様々な角度から検証した自衛隊の「実力」を、とくとご覧いただきたい。

自衛隊の謎検証委員会

中国軍・韓国軍との比較で見えてくる
アジア最強の自衛隊の実力
目次

第2章　自衛隊が中国軍・韓国軍より強いこれだけの理由

第3章　日本と自衛隊が抱える課題

43101

第1章 自衛隊の真の実力

そもそも「自衛隊」とはどのような組織なのか？

誕生から約60年 自衛隊とはどのような組織か？

1954年6月9日、防衛庁設置法と自衛隊法が施行され、日本に**「自衛隊」**が誕生することとなった。

それからおよそ60年がたった現在も、自衛隊は日本に存在し、隊員たちが国防や海外派遣、あるいは国内の災害派遣などで活躍していることとは、ご存じの通りだ。

また、中国などとの緊張状態が続く昨今では、自衛隊に対する注目度も上がっている。

では、そんな自衛隊とは、一体どのような組織なのか。

ここでは、他国軍と自衛隊を比較しながら、まずは自衛隊という組織の概要について見ていきたい。

陸・海・空の3隊から成る自衛隊

自衛隊は**「陸上自衛隊」「海上自衛隊」「航空自衛隊」**の3隊から成る。

この3隊の中で、最も隊員数の多い組織が、約14万人の隊員を有する陸上自衛隊（陸自）だ。

陸自は、日本全国を北部・東北・東部・中部・西部という5つのエリアに分け、それぞれのエ

1954年6月、自衛隊発足へ向けて行われた「服務宣誓式」の様子（写真引用元：「平成16年版 日本の防衛 防衛白書」）

リアに「方面隊」を置いている。

さらに各方面隊には、2～4個の師団、または旅団が防衛力として配置され、有事や災害時には、これらの部隊が敵軍の撃退や災害救助に動くことになる。

ちなみに、陸自は、緊急時における大規模移動が念頭にあるため、部隊を置いている場所を、「基地」ではなく「駐屯地」と呼んでいる。

駐屯とは、「（軍隊が）一時留まる」という意味だ。

このように、日本の国土を防衛する陸自に対し、周辺の海を防衛するのが海上自衛隊（海自）である。

海自の主任務は大きく分けて2つあり、1つ目が、洋上から進撃してくる敵艦隊の撃滅だ。

この任務を受け持つのが、横須賀（神奈川県）

の自衛艦隊司令部が統率する護衛艦隊、航空集団、潜水艦隊などからなる「自衛艦隊」である。

一方、海自のもう1つの任務、沿岸警備を担当するのが、「地方隊」だ。

海自は、日本全国に5つの地方隊を配置し、各エリアの地方総監部の指揮のもと、港湾警備と後方支援に従事させている。

そんな地方隊は、地方防衛の要であり、平時においては、自衛艦隊より重要度が高いと言っても過言ではない。

続いて、航空自衛隊（空自）だが、空自では北部、中部、西部の3つの方面隊に加え、沖縄方面の南西航空混成団が、それぞれ日本の防空を担当している。

そして、これらを統括しているのが、横田基地（東京都）にある「航空総隊司令部」だ。

そんな空自の基地は、分屯基地を含めて全国に73ヶ所存在するが、このうち、新田原基地（宮崎県）や三沢基地（青森県）など7ヶ所には戦闘機部隊が配備され、全国28ヶ所のレーダーサイトと連動しながら、日本の空を守っているのである。

近隣国に比べ自衛隊の隊員数は少ない

そんな自衛隊は、国際法上は、「軍隊」として扱われている。

これはつまり、外国は基本的に自衛隊のことを、日本の**「国軍」**だとみなしているということだ。

ただし、自衛隊は他国軍と大きく異なる部分がある。

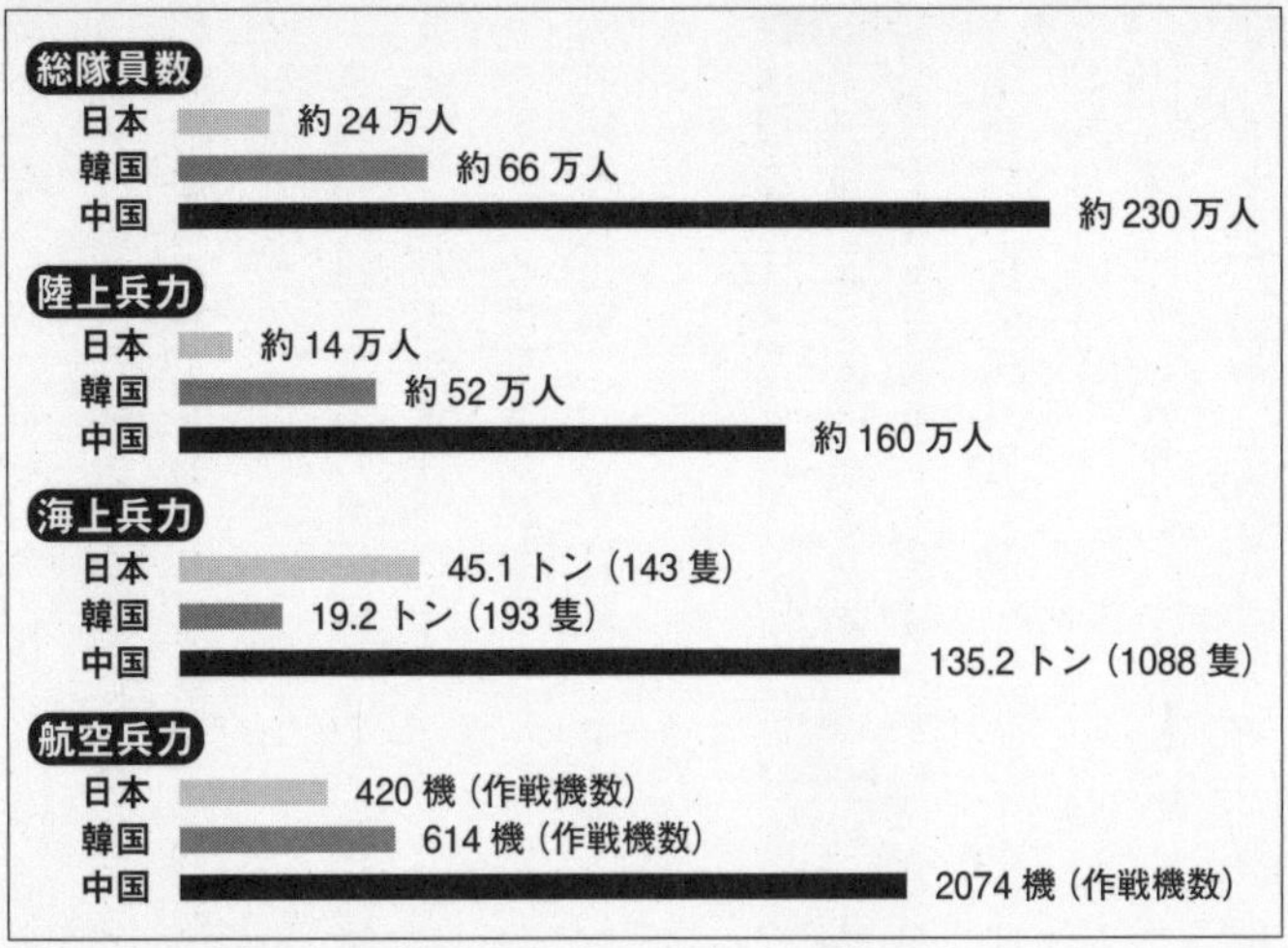

自衛隊、及び中国軍・韓国軍の陸・海・空兵力の比較。なお、作戦機とは、実質的に任務を実行する主要な軍用の航空機のことを指す（資料引用元：「平成 24 年版 日本の防衛 防衛白書」）

それが、自国に危機が及んだ場合にのみ武力を行使する**「専守防衛《せんしゅぼうえい》」という戦略を採っている**点である。

そしてこのことは、装備や隊員数にも、色濃く反映されている。

例えば、装備の面で言えば、他国を攻撃するための巡航ミサイル、あるいは、敵基地を破壊するための戦略爆撃機などの兵器を、自衛隊は一切所持していない。

こうした攻撃用兵器は、専守防衛の理念に反するという理由から、可能な限り除外されているのである（178ページ参照）。

また、隊員数も必要最低限で、自衛隊員は、陸上自衛隊・海上自衛隊・航空自衛隊の3隊を合計しても約24万人である。

これは、近隣国と比べると非常に少ない隊員数なのだ。

というのも、中国軍（中国人民解放軍）は、総勢**約230万人**という莫大な数の隊員を擁している。

また、人口が日本の半分以下である韓国軍でさえ、約66万人の隊員がいる。

なお、兵役の期間が10年と非常に長い北朝鮮軍（朝鮮人民軍）の総隊員数は、約120万人である。

防衛費の総額は多いがGDPに対する割合は低い

続いて、自衛隊関連で使われている予算について見ていこう。

日本の防衛費（軍事費）は、ここ数年、4・7〜4・8兆円程度で推移している。

そしてこれは、国際的にもかなり上位の数字である。

実際、2011年では、世界第6位という順位なのだ。

しかしながら、GDP比で見れば、日本の防衛費は1％であり、**他国と比べると、総GDPに対する防衛費の割合がかなり低くなっている**。

これは、日本に「防衛費1％枠」という、防衛費をGDPの1％以下に抑える方針が存在するためだ。

そんな日本に対し、中東の軍備大国であるサウジアラビアなどは、GDPの約10％もの額を軍事費に充てている。

また、中国や韓国にもGDPに対する軍事費の割合の「縛り」はない。

軍事支出額（単位：100万USドル）	国名（軍事支出額順）	軍事支出額の対GDP比
689,591	アメリカ	4.7%
129,272	中国	2.1%
64,123	ロシア	3.9%
58,244	フランス	2.3%
57,875	イギリス	2.6%
54,529	日本	1.0%
46,219	サウジアラビア	10.1%
44,282	インド	2.7%
43,478	ドイツ	1.4%
31,946	イタリア	1.7%
31,576	ブラジル	1.6%
28,280	韓国	2.7%
23,082	カナダ	1.5%
22,955	オーストラリア	1.9%
18,687	トルコ	2.4%

2011年の軍事費の支出額、及びGDP比の国別ランキング（資料引用元：「世界ランキング統計局【http://10rank.blog.fc2.com/】」）

特に、中国は右肩上がりの経済力を武器に、急ピッチで軍の近代化を進めており、その額は、２０１２年度で、約６５００億元（２０１３年２月現在のレートで約９兆６７００億円）だ。

一方、韓国の軍事費は、約33兆ウォン（２０１３年２月現在のレートで約２兆９７００億円）で、こちらも中国ほどではないものの、２０００年以降は毎年額が増加している。

ただし、日本も２０１３年度は、前年よりも約４００億円多い４兆７５００億円という予算案が組まれ、**11年ぶりに防衛費が増額**されることとなった。

さらに、隊員数も２８７人増やし、中国との間で緊張状態の続く南西諸島の守りを手厚くするなど、時代に合わせた防衛力の整備は、当然ながら怠っていないのである。

自衛隊が保有する最新兵器はどのようなものがあるのか？ その① 陸上自衛隊編

「走るコンピュータ」こと陸上自衛隊の「10式戦車」

他国軍と比較しても、自衛隊の装備はかなり進んでいる。

ここからは、陸・海・空自衛隊が現在運用している、または将来的な運用が予定されている最新兵器の一部を紹介したい。

まず陸自だが、陸自の兵器の中の「顔」と言えば、やはり戦車だろう。

現在、陸自が運用する最新戦車が、2010年に制式採用された**「10式戦車」**というものだ。

先代の「90式戦車」も、世界最高水準だったのだが、10式は、90式より車体をコンパクトにしながらも、火力、防御力、機動力といった、あらゆる面でさらに性能を上げている。

また、90式の砲塔はドイツ企業のものをライセンス生産（製造元に許可料を支払い認可を得て、他の国や企業がその製品を生産すること）していたが、10式は主要部分のほぼすべてが国内産であり、「純国産」だと言えるのだ。

ところで、島国の日本では、外国軍が上陸してきて本土戦になる可能性は非常に低いため、戦車はさほど重要ではないという意見がある。

それでも、万一市街戦などが起きた場合などには、強い戦車を運用できれば歩兵の死傷者が

陸上自衛隊の最新戦車「10式戦車」。主要部分のほぼすべてが国産品である（写真引用元：「陸上自衛隊 HP【http://www.mod.go.jp/gsdf/】」）

激減するため、やはり10式戦車のような兵器は保有しておくべきなのである。

さて、そんな10式について特筆すべきは、非常にハイテクだということで、**「走るコンピュータ」**という異名も持つ。

例えば、車内には「Ｃ41システム」が搭載されており、これによって、戦闘時の戦車同士が情報を共有することを可能にしている。

このように高度に発達した情報共有システムは、中国陸軍の「99式戦車」や韓国陸軍の「Ｋ１Ａ１戦車」には搭載されていない。

そして、日本国内で戦車対戦車の戦闘が起きた場合には、**世界のどの戦車も、10式戦車には敵わない**と言われているほどだ。

まさに10式戦車は日本が誇る、最強の戦車なのである。

自衛隊が保有する最新兵器はどのようなものがあるのか？ その② 海上自衛隊編

海上自衛隊の新型「ヘリ空母」・「22DDH」

島国である日本は、領海や排他的経済水域に外国の潜水艦が侵入していないかを常に警戒、監視しておかなければならない。

そのために活躍しているのが、「SH‐60K」や「SH‐60J」などといった海上自衛隊の哨戒ヘリだ。

そして、これらの哨戒ヘリを多数搭載できるのが、**「ヘリ空母」と呼ばれる巨大な護衛艦**である。

現在、海自が運用している最新のヘリ空母は、「ひゅうが型」の2隻（「ひゅうが」と「いせ」）である。

この2隻は、ヘリの運用力もさることながら、その大きさから人員・物資の輸送能力も高く、災害派遣など、多くの場面で活躍してきた。

実際、ひゅうがは東日本大震災の際にも、被災地への支援物資の運搬などに用いられている。

そして、このひゅうが型に加え、さらにヘリの運用力、及び輸送力を向上させた新たなヘリ空母が建造されることとなった。

これは、近隣国の海軍力増強への対処や、シーレーン（海上交通路）防衛力を高めることが目

海上自衛隊の新型護衛艦（ヘリ空母）「22DDH」のイメージ図。2014年末の就役を予定している（図画引用元：「平成22年版 日本の防衛 防衛白書」）

的である。

そのための新たなヘリ空母というのが、２０１２年に起工した新型艦**「22ＤＤＨ」**（1万9500トン型護衛艦）だ。

ひゅうが型を上回る大きさを誇る22ＤＤＨは、ヘリの最大搭載数も最大14機（ひゅうが型は11機）に増える予定である。

なお、22ＤＤＨはヘリ空母とは言うものの、**旧日本海軍が保有していた正規空母「飛龍」や「蒼龍」を超す規模**の艦体である。

そんな22ＤＤＨについて、中国のメディアは、「日本が建造中の空母が、わが国の潜水艦部隊の脅威になる」という報道を行っている。

22ＤＤＨの就役時期は、２０１４年末を予定しており、以降、海自の対潜能力は、ますます向上することが期待できるだろう。

自衛隊が保有する最新兵器はどのようなものがあるのか？

その③ 航空自衛隊編

防空力の向上が期待される第5世代戦闘機「F・35A」

現在、航空自衛隊の主力戦闘機といえば「F‐15J」であり、これは、世界的に見ても高水準の戦闘機である。

ただ、F‐15Jの運用開始からは、すでに40年近くが経過しており、また、F‐15Jの前の主力機「F‐4EJ改」の退役が決定しているため、後継機の選定が以前より進められていた。

そして2011年12月、空自の次期戦闘機として採用決定したのが**「F・35A」（ライトニングⅡ）**であり、アメリカのロッキード・マーティン社が中心となって開発しているが、エンジン部品の一部などは、日本でも製造している。

F‐35は、現在、米空軍のみが運用している最新鋭の戦闘機「F‐22」（ラプター）と同様、いわゆる「第5世代戦闘機」と呼ばれる多用途戦闘機だ。

多用途戦闘機とは、単機で対地・対艦・対空戦闘といったあらゆる作戦を可能とする戦闘機のことを指す。

またF‐35Aは、ステルス性（敵軍などのセンサー類から機体を探知されにくくする技術）も非常に高い、優れた戦闘機なのである。

一方、中国が試作中のステルス機「J‐20」は、

航空自衛隊の次期戦闘機「F‐35A」（写真はアメリカ空軍で運用されている機体）。当初は2016年の納入予定だったが、遅れが見込まれている

その性能が疑問視されており、また、韓国が開発予定のステルス機「KFX」も、実用化までにはかなり時間がかかりそうな見通しだ。

このような状況を考えれば、日本にF‐35Aが導入されれば、空自の優れた管制システムとの相乗効果もあり、**防空力について、中国・韓国に大きな差をつけられる**だろう。

ただ、F‐35Aの空自への納入は当初2016年度を予定していたが、その後、機体の不具合が見つかるなどして遅れが見込まれている。

また、機体に搭載される最新のソフトウェアの完成も遅延するなどして、日本で実戦配備ができるのは、2018年以降と予想されている。

空の優勢を確保するためにも、日本はアメリカに対し、開発を急ぐよう要請することが求められているのである。

自衛隊の兵器研究と開発の本丸「技術研究本部」とは？

自衛隊の兵器や装備などを一元的に研究・開発する機関

前項まで、陸・海・空自衛隊それぞれの最新兵器の一部を紹介してきたが、こうした兵器や装備の開発などに関して、日夜尽力している機関がある。

それが、防衛省内に設置されている**「技術研究本部」**だ。

「技本」と呼ばれる、この特別の機関で働くスタッフの数は約1100人。

その組織は、「陸上」「船舶」「航空機」「誘導兵器」という4つの部門に大別され、それぞれ、4名の技術開発官によって統率されている。

そんな技研の良い点は、**各自衛隊ごとに分けられていない**ということだ。

つまり、誘導兵器の部門では陸・海・空の区別なく、全自衛隊で使用される誘導兵器の研究が行われ、また、航空機の部門では空自の航空機だけではなく、陸自・海自用の航空機の研究も行われるといった具合なのだ。

陸・海軍が対立していたため技術研究の遅れを招いてしまった旧日本軍の研究所とは異なり、自衛隊では、研究の一元化に成功しているのである。

そんな技本で採用されたプロジェクトは、電

技術研究本部が開発中の研究航空機「心神」の模型。ステルス性を高めたこの航空機が、戦闘機のレーダーにはどのように映るのかなどを観測する予定である。なお、「心神」というのは、プロジェクトの初期に部内で使われていた名称で、公式のものではない（写真引用元：「防衛省 技術研究本部 HP【http://www.mod.go.jp/trdi/】」）

子装備研究所や先進技術推進センターなど、その内容に応じた全国の支所や試験場に振り分けられ、ここで実際の開発研究と技術試験などが行われる。

むろん、陸自の「10式戦車」（24ページ参照）や、海自のヘリ空母「22ＤＤＨ」（26ページ参照）も、技本のプロジェクトから生まれたものだ。

また、現在では、将来の国産戦闘機に適用できる技術を実証するための研究航空機「心神」開発（２０１６年頃開発完了予定）などのプロジェクトが実施されている。

このように、自衛隊が優れた兵器を運用できているのは、アメリカの協力もさることながら、技本で働く日本人技官たちによって、日本独自のシステムや機器の研究・開発が日々行われているおかげなのである。

中国軍・韓国軍の新兵器は日本にとってどれほどの脅威か？

国力をつけた中国・韓国はどんな艦艇を建造しているのか

近年、中国と韓国の国力が著しく伸びたことは、疑いようのない事実である。

このことは、むろん両国の軍が持つ兵器にも反映されているが、果たしてそれらは、日本を脅かすほど強力なものなのだろうか。

この項では、近年完成した、中国と韓国の艦艇を中心に話を進めていきたい。

まず、最近話題となったのが、中国海軍の航空母艦（空母）の実用化である。

中国は、1985年にオーストラリアの退役空母「メルボルン」を購入し、これを解体して研究した。

その後、1998年にウクライナから旧ソ連製の空母「ワリヤーグ」を購入。そして2012年9月、このワリヤーグを再建造し、ついに**中国初の空母「遼寧《りょうねい》」を就航**させた。

一方、韓国では2008年に**「世宗《せいそう》大王級駆逐艦」というイージス艦を実戦配備**し、艦隊を用いた防空力をより強固にした。

そして、重武装が施された世宗大王級駆逐艦は、日本のイージス艦を超えたという説もある。

では実際のところ、こうした中国・韓国の新艦艇の実力はいかほどなのだろうか。

中国の航空母艦。写真はまだ「ワリヤーグ」名の頃のものだが、これが再建造され、2012年９月に「遼寧」という名で就航した

実戦では使えない遼寧

前述のように、確かに中国は２０１２年に空母・遼寧を就航させ、「遼寧は対外的な脅威になり得る」という話が出たのも事実だ。

しかし実際のところ、この遼寧は、あくまで今後中国が空母を建造・運用するための**実験艦**という意味合いが強く、それゆえ、艦そのものの性能も決して高いとは言えない。

というのも、遼寧のもととなったワリヤーグは、現在の空母と比べて、かなり旧式なのだ。そして、艦を運用するのに必要な各種の機器などは新しいものに換えられたが、空母にとって最も重要な飛行甲板はそのままで、「カタパルト」（空母から航空機を発射させるための装置。

飛行甲板の長さが短くて済む）もついていない。

ちなみに、現在の空母はカタパルトがついていることが常識で、カタパルトも持たない遼寧は、ただの**「大きな的」**と評する人さえいる。

実際、中国としても、そんな遼寧を実戦に投入するつもりはないようで、今後は、遼寧の運用データをもとに、より実戦向きの中国産空母2隻を開発する予定だという。

だが、そのためには莫大な時間と金がかかる。

なぜなら、空母は空母だけで役立つわけではなく、艦載機や支援艦艇が必要不可欠だからだ。さらに、空母を適切に運用するための人材も育てなければならない。

それらにかかる費用を合計すると、空母機動部隊を2個新設するには、**約200億ドル（約1兆8500億円）が必要**となり、整備などのため、毎年数十億ドル単位の維持費もかかる。

中国経済の急成長も一段落した現在、このような大金を捻出するのは、決して簡単ではないだろう。

また、予算の問題がクリアできても、伝統的な陸軍国である中国軍が、空母運用のノウハウを、すぐに獲得できるとは思えない。

そのため、例えばアメリカは、中国軍が適切に空母を運用できる技術を会得するまでには、少なくとも10年、長ければ20年はかかるだろうと見ている。

攻撃力は高いがバランスを欠いたイージス艦「世宗大王級」

では、韓国のイージス艦「世宗大王級駆逐艦」についてはどうか。

韓国のイージス艦「世宗大王級駆逐艦」。戦闘能力については、世界最強クラスのイージス艦である

日本の海上自衛隊が持つ最新鋭のイージス艦と言えば、2007年に就役した「あたご型」だが、冒頭でも述べたように、攻撃力ではやはり、世宗大王級があたご型を上回っていると言わざるを得ない。

日本の「こんごう型」と同じく、アメリカ海軍のイージス艦「アーレイバーク級」をベースに開発された世宗大王級は、世界最大の兵器搭載量を誇る。

例えば、艦対艦ミサイルの搭載数で言うと、世宗大王級は16発を積むことができ、これはあたご型の2倍の量だ。

実際、戦闘能力だけを見れば、世宗大王級は世界最強クラスのイージス艦と言っても過言ではない。

ところが、あたご型と世宗大王級が実際に

戦った場合には、**あたご型のほうが勝つ**だろうという意見が多い。

なぜなら、確かに世宗大王級は重武装で火力に秀でているが、その武装が、逆に数々の弱点を生み出す原因になってしまっているのだ。

まず、世宗大王級は兵装過多の結果、他艦よりも波に弱いと言われており、また、重量物が上部に集中していることも不安定さに拍車をかけているという。

よって仮に、日本海で自衛隊と戦闘になった場合などは、荒れやすいこの海の状況に適応できないのではないかと言われているのだ。

加えて、多数のミサイルが搭載されれば被弾時のダメージも大きい。それゆえ、世宗大王級は戦闘時の沈没率も高まってしまっている。

こうした理由から、いくら世宗大王級の攻撃力が高かろうとも、バランスの良いあたご型を実戦で破ることは難しいと言われるのである。

油断は禁物

ここまで述べてきた通り、中国と韓国が日々新たな兵器開発に励んでいることは確かだが、艦艇の実力に象徴されるように、日本にとって、大いなる脅威だというレベルには至っていない。

しかし、油断は禁物である。

なぜなら、先に紹介した世宗大王級は、バランスを欠いているとはいえ、攻撃力で日本のイージス艦よりも優れていることは事実だ。

また、2012年夏には、中国が「高新6号」という、初の国産対潜哨戒機を完成させた。そして中国では、日本の海自が運用している対潜

海上自衛隊のあたご型護衛艦（イージス艦）「あしがら」。非常にバランスが良く、総合力では韓国海軍の世宗大王級を上回っていると考えられる（写真引用元：「海上自衛隊 HP【http://www.mod.go.jp/msdf/】」）

哨戒機「Ｐ-３Ｃ」よりも高新６号のほうが高性能だという報道も出た。

だが、高新６号がＰ-３Ｃより優れているのは、搭載できるソノブイ（潜水艦を発見するための水中マイク）の数が多いという点くらいで、総合的には、圧倒的にＰ-３Ｃのほうが優秀な対潜哨戒機なのである。

ただ、ここで考えるべきは、世宗大王級や高新６号が、部分的であるとはいえ、**日本の兵器を上回る点がある**ということだ。

そして今後も、中国・韓国軍は新兵器の開発や運用に力を入れていくことだろう。

したがって、将来にわたり兵器面で自衛隊が優位であるためにも、両国に追いつかれないよう、日本も防衛力強化と新兵器開発を常に促進していく必要があるのである。

中国軍・韓国軍のほうが兵力が多くても自衛隊は負けない？

中国・韓国軍より兵力で劣るから自衛隊は負ける？

「兵力に雲泥の差があるから」

これが、自衛隊は中国・韓国軍に負けると言う人たちが挙げる「勝てない理由」の1つだ。

中国は、年々強まる経済力を背景に、軍事増強を推し進めてきた。

その結果、中国陸軍は約160万人もの兵力を持つ巨大組織になり、全軍の合計に至っては約230万人という数字を誇っている。

さらに、中国空軍が保有する作戦機数も2000機を超えており、非常に多い。

一方、韓国軍の軍全体の兵力は約66万人。作戦機も中国軍よりはかなり少ないが、それでも約600機を保有している。

対する自衛隊は、3隊を合計したとしても、約24万人に過ぎず、日本より国土の狭い韓国軍の半分以下の数字である。

また、空自の作戦機数も約400機と、こちらも韓国軍にさえ届いていない（21ページ参照）。

こうした台所事情を考えると、自衛隊が中国軍、あるいは韓国軍と戦えば、確かに敗北してしまいそうに思える。

だが、仮に日本が中国や韓国と戦うことになったとしても、**互いが全兵力をつぎこむよ**

中国陸軍の戦車兵たち。陸軍隊員だけで 160 万人もの兵力を擁する中国軍に、自衛隊は勝てるのか

うな状況には、まず陥らない。

それどころか、本当に戦った場合には、むしろ、**自衛隊のほうが多数の兵力を投入できる**のではないかとさえ考えられているのだ。

その根拠は、中国、そして韓国の両国が、現在抱えている問題に隠されている。

周囲に敵が多い中国

中国の陸軍に約１６０万人の隊員がいるのは事実だが、中国が日本と戦う場合でも、彼ら全員が参戦できるわけではない。

というのも、ご存じの通り、国土が非常に広い中国は、他国と地続きの部分が多い。

具体的には、北はモンゴル、北東はロシア、西はカザフスタンやキルギス、南はベトナムなど東南アジア諸国と接する。そして、**これらの国の多くと中国は決して良好な関係にはない**。よって中国軍は、これら近隣国、加えて、チベットなどの自治区との紛争に備え、内陸に多くの兵力を常に置いておく必要があるのだ。

このことは、海軍や空軍にしても同様で、現在、南沙諸島・西沙諸島における領土問題でベトナムやフィリピンと対立している中国は、兵力の多くをこの地域に派遣している。

また、2012年には、台湾が南沙諸島の軍備強化を発表したこともあり、中国も負けじとこの地域の海軍・航空兵力を増強していくことが予想される。

こうした事情があるため、仮に日中間で争いが起こったとしても、中国軍の総力をそれにつぎこむことはできないのだ。

もし、そんなことをしてしまえば、中国内陸部では反政府勢力や他国からの脅威が増し、また、南方ではフィリピンや台湾がここぞとばかりに各諸島へ進出するだろう。

中国も、むざむざそんなリスクは背負えないのである。

北朝鮮対策をおろそかにできない韓国軍

一方、韓国には**北朝鮮という足かせ**がある。

1950年に勃発した朝鮮戦争は終戦しておらず、韓国と北朝鮮は今なお休戦状態のままだ。

実際、最近でも、2010年に「延坪島砲撃事件」が起き、韓国軍の隊員が2名死亡するなど、緊張状態が続いている。

そして、もしも韓国が日本と戦うことになり、

2010年11月、北朝鮮軍が韓国の延坪島を砲撃し、韓国軍の隊員が２人、韓国の民間人が２人死亡した。写真は煙が立ち上る延坪島の様子（写真引用元：「平成23年版 日本の防衛 防衛白書」）

これに韓国軍兵力の多くを投じるような事態になれば、必然的に、38度線付近をはじめ、対北朝鮮に向いた戦力は減ることとなる。

朝鮮半島の武力統一を狙っている北朝鮮が、この好機を見逃すことはないだろう。

韓国の首都・ソウルは、38度線から近い。よって、韓国軍が日本のほうばかりを向いている隙に、**北朝鮮軍がソウルへ侵攻**してくる可能性もゼロではないのだ。

現実的には、そこまで深刻なことになることはないと思われるが、いずれにせよ、何をするか分からないのが北朝鮮という国家の恐さだ。

そんな国と地続きにあり、かつ最も対立している韓国は、いくら日本と戦う場合であろうとも、国内にかなりの戦力を残しておかなければならないのである。

大規模な陸軍が役に立たない戦場

中国・韓国は、日本以外の近隣国と緊張関係にあるため、もし日本と戦争になった場合も、さほど兵力を投入できないだろうということは、ここまで述べてきた通りだ。

ただ、それでもやはり、中国軍約230万人、韓国軍約66万人という数は非常に大きい。

よって、いくら対日戦に兵力をつぎ込めないとしても、やはり自衛隊の数よりは上回るのではないだろうかという疑問がある。

ところが、もし日本と中国・韓国が事を構えた場合、戦場になるだろうと想定される場所を踏まえると、**兵力の数字を比べること自体に意味がない**という意見があるのだ。

というのも、さすがに中国や韓国が、本州や九州などの日本本土を侵攻してくることは考えられず、また、侵略戦争を憲法で禁じている日本が、中国や韓国の国土内で戦うことはない。

よって、戦場となる可能性があるのは、竹島や尖閣諸島など、日本の島嶼部に限られるのだ。

そして、これらの島々は極めて小さいため、大規模な軍を駐屯させることは不可能である。

例えば、竹島の面積は約0・21平方キロメートルで、これは日比谷公園程度の大きさでしかない。また、尖閣諸島についても、一番大きな魚釣島でさえ面積は約3・8平方キロメートルと、こちらも非常に小さな島だ。

大軍を展開することができないこうした小島では、**中国・韓国軍隊員の多くを占める陸軍の活躍は、まず望めない。**

島根県沖の日本海に浮かぶ竹島。仮に、この竹島や尖閣諸島で有事が起きたとしても、面積が非常に狭いため、大軍は展開できない（©Rachouette, teacher in Seoul, SOUTH KOREA and licensed for reuse under this Creative Commons Licence）

このような事情から、日本と中国、あるいは韓国が戦う場合には、海上戦力と航空戦力が勝敗を分ける鍵になる。

だが、中国と韓国は前述の理由のため、対日戦の戦場に多くの海上・航空勢力を派遣するわけにはいかない。

一方、日本は、戦地が近いということもあり、**航空戦力の集中が期待できる**。

また、有事であれば、海自が**４個の護衛艦隊をすべて投入**する展開もあり得る。さらに、潜水艦隊も大いに運用されることだろう。

そして、兵器の質やシステムでは、中国・韓国軍よりも自衛隊が圧倒的に勝っている。

したがって、いくら兵力差があろうとも、現実に起こり得る中国・韓国軍との戦闘では、自衛隊が勝てる公算のほうが高いのである。

実戦経験のない自衛隊員たちの能力は高いのか？

実戦経験がないからこそ疲弊していない自衛隊

太平洋戦争以降、日本は他国から攻め込まれておらず、また、専守防衛の理念から、他国を攻撃したこともない。

つまり、自衛隊は実戦への参加経験がないのである。

一方、中国・韓国は、第二次世界大戦以降も、戦争経験がある。

例えば、中国軍は1979年にベトナムと戦っており（中越戦争）、韓国軍も1950年代に朝鮮戦争を経験し、70年代にはベトナム戦争にも派兵している。

そのため、仮に自衛隊と中国軍・韓国軍が戦うことになれば、この**実戦経験の有無の差が、自衛隊敗北の要因になる**だろうという見方がある。

戦後、日本が新たに戦争に加担することがなかったのは、むろん大いに結構なことだと言えるだろう。

ただその一方で、自衛隊に実戦経験がないというのは、確かに少々不安ではある。

しかしながら、逆に**自衛隊は今まで戦争に参加していないからこそ、隊員及び兵器の疲弊を免れ、充分に訓練を積んでこられた**とも

朝鮮戦争時、ソウルを再奪還すべく市内を掃討する韓国軍の隊員。中国・韓国軍はこのように「実戦経験」があるが、自衛隊はこれまで戦争や軍事衝突を経験していない（写真引用元：「図説 朝鮮戦争」）

考えられる。

そして実際、自衛隊員の個々の技量及び志については、世界のどの軍と比べても劣らないと目されているのである。

時間と費用をたっぷりかけてパイロットを育てる航空自衛隊

現代戦では、航空優勢（制空権）の確保が勝敗の鍵を握る。

このため、航空自衛隊は以前にも増して、パイロットなどについて、優秀な人材を育成する必要がある。

航空機のパイロットの実力は、飛行時間に比例するとされている。

すなわち、任務や訓練などで空にいる時間が長ければ長いほど、パイロットとしての技量は高くなるということだ。

そして、空自のパイロットは、アジアの他国空軍パイロットよりも、はるかに**航空機に乗っている時間が長いため、技量は相当に高い**と言われているのである。

実際、空自パイロットの年間平均飛行時間は、約180～200時間だが、韓国空軍では、130時間程度と言われている。

さらに、中国空軍に至っては、一部の特別な部隊を除けば、100時間を下回る部隊も少なくないという説があり、これは、機材の老朽化や部品不足が主な理由であるようだ。

いずれにせよ、パイロットの飛行時間が自衛隊を下回っていることは確実であり、日本が両国に差をつけていることは間違いない。

なお、空自のパイロットを養成するためには、燃料費などすべての費用を考慮すると、なんと**1人あたり5億円以上**もの額がかかると言われている。

さらに、空自はパイロットを支える整備員にも優れた人員を揃えているため、航空機の稼働率は90％を超えており、これは、非常時でも確実に出撃できることを意味している。

一方、他国の稼働率はアメリカでも約80％、中国では約60～70％に過ぎない。

伝統的に技量が高い海上自衛隊

日本は昔から海軍が強く、隊員たちの能力も高かった。

そしてこのことは、海上自衛隊も同様なのだが、中でも、**掃海部隊の技量は相当なものが**

航空自衛隊のパイロットは、アジアの他国空軍パイロットよりも長い時間と高額の費用をかけて育成されているため、総じて能力が高い。写真は、空自の曲技飛行隊「ブルーインパルス」による、飛行展示の様子

ある。

この掃海部隊とは、機雷（艦船が接近及び接触した際に爆発する水中兵器）など危険物の除去を担う専門部隊であり、海自には全部で4個の掃海部隊が置かれている。

現代の機雷は、接触型だけでなく、音や磁気で爆発する探知型や時限型など、数多くの種類があり、テロなどに用いられる事例もある。

そして、その処理は、極めて危険で難しいものだ。したがって、処理作業中に死傷者が出ることも珍しいことではない。

しかし、設立以来長年にわたり日本周辺の機雷処理に携わってきた海自には、機雷処理についての豊富な知識と経験が残されている。

そのため、例えば湾岸戦争後における海外派遣では、諸国が悪戦苦闘する中、海自は負傷者と損害共にゼロという快挙を成し遂げ、任務を成功させるなどしてきた。

むろん現在でも、**海自の掃海能力は、世界トップクラス**だという評価を維持している。

その一方、中国・韓国は伝統的な陸軍国であるため、海軍の練度は高くなく、掃海能力も、海自のそれにはまだまだ及ばないのが現状なのである。

「普通の部隊」が米軍を驚かせた陸上自衛隊

どの国でも、軍の根幹となっているのは国土を直接守る陸軍で、島国の日本でも、3隊の中で隊員数が一番多いのは、やはり陸上自衛隊である。

その任務内容から、国防の「最後の砦」とも

海上自衛隊の掃海部隊が行う訓練風景。上は補給中の掃海艇「えのしま」。下は機雷処分訓練中の隊員の様子（写真引用元：「海上自衛隊掃海隊群 HP【http://www.mod.go.jp/msdf/mf/index.html】」）

呼べる陸自隊員については、以下のような頼もしい逸話がある。

アメリカ・ワシントン州に「ヤキマ演習場」という施設がある。

ここは、米軍とその友軍が合同演習を行う場所で、陸自の戦車部隊や特科（砲兵）部隊も時折派遣され、日本国内では行えない、火器を用いた大規模な演習を実施している。

そしてある年の演習中、陸自の特科部隊が米軍をはるかに上回る成績を出し、米軍関係者に衝撃を与えた。

これについて、その場に居合わせた米軍の将校は、陸自の将校に対し、こう苦言を呈した。

「演習は全部隊に対して公平に練度を与えることが目的だから、一部の精鋭部隊だけを演習に派遣させ、活躍させても意味がないのだ」

だが、この米軍将校の意見は、的外れなものだった。

なぜなら、演習で優秀な成績を挙げた陸自の部隊は、選抜された精鋭というわけではなく、**普通に派遣された部隊だった**からだ。

また、特科隊だけではなく、戦車隊も非常に正確な砲撃を見せ、こちらも米軍を驚かせた。

むろん、兵器の性能が優れていることもあるだろうが、それでも、こうした兵器の力を最大限に引き出せる陸自隊員の技量はやはり賞賛すべきものだろう。

国民性や頭の良さも能力の高さにつながっている

このように、日本の自衛隊員は、陸・海・空すべての隊において、非常に能力が高い。

ヤキマ演習場での訓練に参加する陸上自衛隊員たち

これは、近隣国との直接的な軍事衝突が戦後はなかったため豊富な訓練時間を設けることができたこと、完全志願制で集められた隊員たちの士気の高さ、加えて、日本人の真面目な国民性などによるものだと言える。

さらに、日本では国民のほぼ全員が高校以上の教育課程を修めており、**現代戦に必要な専門知識を身につける素養が、隊員にも基本的に備わっている。**

このことは、特に中国軍よりも、自衛隊が勝っている点だと言えるだろう。

確かに、自衛隊に実戦経験がないのは事実である。

それでも、いざ有事となれば、アジアの他国軍を大きく上回る能力の高さを大いに発揮し、国土を守り抜いてくれることだろう。

自衛隊の中にはどのような「特殊部隊」が存在するのか？

陸自の「特殊作戦群」

対テロ作戦や対ゲリラ作戦が重視される現代では、これらに対応するための専門的な「特殊部隊」を設置する重要性も高まっている。

そして、自衛隊にも世界に誇れる特殊部隊が存在し、やはりその秘匿性は高い。

まず、陸上自衛隊の特殊部隊が、「中央即応集団」隷下の部隊**「特殊作戦群」**（ＳＦＧｐ）だ。

なお、中央即応集団というのは、有事や大災害など各種事態に即応するための、防衛大臣直轄の部隊（78ページ参照）である。

特殊作戦群は、ゲリラやテロ攻撃への即応を目的として２００４年に設立された部隊だが、判明しているのは、本部が習志野駐屯地（千葉県）にあること、そして人員数が３００人前後であるということ程度でしかない。

米軍の特殊部隊「デルタフォース」を参考にした訓練が実施されているという話もあるが、詳しい内容は不明のままだ。

装備は、「89式小銃」などの日本製が用いられていると言われる一方、「Ｍ４カービン」などの外国製のものも使用しているという説もあり、いずれにせよ、こちらも推測の域を出ない。

さらに、特殊作戦群の隊舎には部隊名が掲げ

陸上自衛隊中央即応集団に属する特殊部隊「特殊作戦群」。公の場に出てくることはほとんどなく、姿を見せる際は写真（中央即応集団編成完結式のもの）のように、一部隊員を除き、マスクで顔全体を覆っている（写真引用元：「中央即応集団 HP【http://www.mod.go.jp/gsdf/crf/pa/】」）

られておらず、また、友人などはもとより、**自分の家族に対しても、この部隊に所属していることは明かせない**。

加えて、同じ駐屯地の別部隊員でさえも、「詳しいことは分からない」のだそうだ。

陸自の中のエリート集団・「第1空挺団」

そんな特殊作戦群へ入隊するための受験が可能なのは、「レンジャー資格」を持つ3曹以上の優秀な陸自隊員である。

そして、現在でこそ、各駐屯地に隊員募集のポスターを貼るなどして隊員を募っている特殊作戦群であるが、発足当初は、「第1空挺団」の隊員の中からしか選ばれなかったという。

第1空挺団は、特殊作戦群と同様、中央即応集団の隷下であり、その本部も特殊作戦群と同じく習志野駐屯地にある。

そんな第1空挺団は、自衛隊で唯一の空挺部隊（落下傘部隊）であり、場合によっては敵陣の中に降下するというその特性から、自衛隊の中でも、随一の度胸と技量が隊員に求められる。

また、第1空挺団に属する約1900人の隊員には、原則、全員にレンジャー資格の取得が義務づけられているが、中でも、幹部及び陸曹は、基本的に、レンジャー資格の中で最も厳しい「空挺レンジャー資格」を取得する必要がある。

そして、特殊作戦群は、こうした陸自のエリートたちの中からさらに厳選された人材が集まった部隊であり、そう考えれば、まさに**陸自最強の部隊**と呼んでも過言ではないだろう。

ちなみに、「レンジャー部隊」という言葉はよく聞かれるが、陸自における「レンジャー」とは、あくまで、レンジャー課程を修了した隊員に贈られる「資格」のことである。

そして、緊急時を除けば、レンジャー資格を持つ隊員のみを集めた部隊も編成されていないので、厳密に言うと、陸自には「レンジャー部隊」は存在しないのである。

海自の「特別警備隊」

一方、海上自衛隊の特殊部隊が**「特別警備隊」**（SBU）だ。

特別警備隊は不審船の武装解除と無力化を主目的として創隊された部隊で、本部は、広島県の江田島基地内に置かれている。

この部隊に関する情報はほとんど公表されて

2007年に行われた「特別警備隊」の訓練の様子。公開訓練ではあるが、隊員たちは黒いタクティカルスーツに身を包んでいる（写真引用元：「朝雲新聞社HP【http://www.asagumo-news.com/】」）

おらず、その点では陸自の特殊作戦群と同様だが、特殊作戦群とは違い、特別警備隊は一般人から目撃される機会が少なくない。

なぜなら、特別警備隊が基地から出港するときには、江田島周辺にあるカキの養殖用筏のそばを通る必要があり、地元漁協との取り決めで、この際の減速が義務づけられているからだ。

なお、２００７年には公開訓練も行われており、このときには、「ＲＨＩＢ」（複合型高速ゴムボート）に乗り込んだ黒いタクティカルスーツに身を包んだ特別警備隊員たちが、想定不審船に突入する様子が見られた。

公開訓練時の彼らの装備は、日本製の「89式小銃」や「９ミリ拳銃」が中心であった一方で、国内には存在しないはずの「Ｐ２２６Ｒ」（拳銃）も確認されている。

また、２０１０年にはドイツ製小銃「ＨＫ４１６」を採用したという情報も流れており、こうしたことから、日本製の武器と外国製の武器を併用している可能性が高いと推察される。

そんな特別警備隊は、教育専門部隊を含めた４個小隊（３個小隊の説もある）で構成されており、かつては、海中の不発弾の処理を主な任務とする「水中処分員」から選抜されていたようだが、現在では、全海上自衛隊員の中から志願者を募集している。

ただし、原則として30歳未満で３等海曹以上の者という制限があり、この条件を満たす志願者の中から、射撃や水泳などの能力に秀でた隊員が採用されるのである。

とはいえ、特別警備隊の全隊員数は１００人にも満たない、非常に小規模なものだと言われており、そういう意味では、今後の増員と組織力の強化が望まれるところである。

ちなみに、２００９年のソマリア沖派遣時には、護衛艦に特別警備隊の隊員が乗艦していたという。

空自の「基地警備教導隊」

続いて航空自衛隊だが、従来から、空自には基地施設やレーダー施設などを防衛するための「基地警備隊」という部隊が存在した。

だが近年は、基地警備隊だけではテロやゲリラ攻撃への対応は難しいという声が高まり、空自は、アメリカ同時多発テロが起きた２００１年度から、基地警備隊の訓練を強化し始めた。

さらに、２００６年には「基地警備研究班」

空自の「基地警備教導隊」。その名の通り、各基地警備隊に対する教導、及び基地警備に関する調査研究が主任務である（写真引用元：「航空総隊HP【http://www.mod.go.jp/asdf/adc/】」）

が府中基地（東京都）内に置かれ、基地警備についての研究が進められることとなった。

そして２０１１年3月に、ついに航空総隊直轄の専門部隊**「基地警備教導隊」**が百里基地（茨城県）内に新設されたのである。

ただ、この基地警備教導隊は、陸自の特殊作戦群や海自の特別警備隊のような秘匿性の高い特殊部隊とは趣を異にする。

その名からも分かるように、基地警備教導隊の任務は、各基地警備隊に対する教導と、基地警備に関する調査研究なのである。

なお、現在の隊員数はわずか40人弱だが、今後、増員されていく見通しが強い。

そして、もし空自の基地へのテロ攻撃が起きた場合などには、陸自到着までの対抗処置として、実戦投入されることとなっている。

自衛隊の特殊部隊の実力

さて、前述までの通り、自衛隊においては陸自の特殊作戦群と海自の特別警備隊がいわゆる「特殊部隊」であり、また、特殊部隊とは呼べないものの、空自の基地警備教導隊も、所属しているのは高い技量を誇る隊員ばかりだ。

では、果たして特殊作戦群、特別警備隊、そして基地警備教導隊は、有事の際に適切に機能するのか。

結論から言ってしまえば、今のところそれは**未知数**なのだ。

まず、これらの部隊に属す隊員が、各自衛隊の精鋭中の精鋭であることは間違いない。

実際、ある仮説によれば、特殊作戦群の隊員の能力は、**1人につき一個中隊（約200人）分に匹敵する**とも言われるほどなのだ。

ただその反面、その設立時期は一番古い特別警備隊でも2001年と歴史が浅い。

一般的には、こうした特殊部隊が実戦部隊として機能するには、最低でも設立から10年は必要とされており、このことから考えれば、実戦への参加経験もない**日本の特殊部隊はまだまだ未成熟**であるという意見も根強いのである。

中国軍・韓国軍の特殊部隊

ところで、中国軍と韓国軍には、どのような特殊部隊が存在するのか。

まず中国軍には、緊急隠密作戦を任務とする**「緊急展開部隊」**という特殊部隊が存在し、設

訓練のウォーミングアップで素手戦を行う中国軍の特殊部隊「緊急展開部隊」の様子（写真引用元：「別冊宝島 1615 公開！世界の特殊部隊」）

立は1990年代、隊員数は約5万人だと言われている。

また、陸・海・空軍すべての部隊の将校が大学卒業者で占められ、さらに、隊員も6割以上が大卒レベルのエリート集団なのだそうだ。

一方、韓国海軍には、**「海軍特殊戦旅団」**（UDT／SEAL）という特殊部隊があり、2011年1月、インド洋上で韓国籍のタンカーがソマリアの海賊に乗っ取られた際には、この部隊が救出作戦を決行している。

また、韓国には海軍特殊戦旅団の他、陸軍にも**「特殊戦司令部」**という部隊があり、陸自の中央即応集団のような存在だという。

とはいえ、いずれに関してもさすがに情報は少なく、中国軍、韓国軍の特殊部隊共に、その実力については判然としていない。

国防の「最前線」に置かれている自衛隊の部隊とは？

北方重視から南西重視へ

自衛隊の発足からソ連が崩壊するまで、自衛隊にとってのいわゆる「最前線」は、北海道や東北のことであった。

なぜなら、冷戦中はシベリアの極東ソ連軍こそが日本にとって最大の脅威であるとされ、有事と言えば、北海道での大規模戦闘が想定されていたからだ。

実際、陸上自衛隊唯一の機甲師団である第7師団が北海道の千歳駐屯地に置かれていることなどからも、日本が北方の守りを重視していたことが分かる。

しかしその後、冷戦の終結により、北方の脅威は大幅に薄れた。そして現在では、尖閣諸島を含めた九州以西の島嶼部こそが最前線と考えられるようになってきている。

こうした地域の防衛を任されているのが、陸自の**「西部方面隊」**だ。

西部方面隊には、第4師団、第8師団、及び第15旅団を基幹兵力とし、熊本市の健軍駐屯地に総監部が置かれている。

そして、防衛を担当している地域は、九州本土をはじめとして、沖縄、対馬、南西諸島と、現代の日本が重視する南西方面のほとんどが含

2010 年 3 月、「第 15 旅団」が新設され、北澤防衛相（当時）から自衛隊旗を授与される様子（写真引用元：「陸上自衛隊第 15 旅団 HP【http://www.mod.go.jp/gsdf/wae/15b/15b/index.html】」）

まれているのである。

「離島型」の「第15旅団」と日本の海兵隊こと「西普連」

南西地域の中でも、重要度が高い尖閣諸島の防衛を担当している部隊が**「第15旅団」**だ。

第15旅団は、那覇市の那覇駐屯地を拠点とする旅団であり、活発化する中国軍への対応力とすべく、かつて置かれていた第1混成団を増員する形で２０１０年に新設された。

「離島型」と呼ばれるこの旅団の機動性は、陸自の中でも屈指の高さを誇り、また、島嶼防衛やゲリラ攻撃への適応能力も非常に高い。

ただ、尖閣諸島の防衛戦力は第15旅団だけではない。西部方面隊には、**「西部方面普通科連隊」**（西普連）と呼ばれる、**離島防衛専門の兵**

力も置かれているのだ。

通常、「連隊」と言えば、師団や旅団の隷下に組み込まれているのだが、この西普連は、西部方面隊直属の独立した戦力となっている。

このことからも、西普連がいかに重要な存在かが分かるだろう。

そんな西普連が創設されたのは、南西方面が重視され始めた2002年のことで、その拠点は、長崎県佐世保市の相浦駐屯地に構えられている。

そして、約660名の隊員に与えられた主任務が、**「占領された島々の奪還」**である。

つまり、もしも島嶼が外国軍などに占領されてしまったときには、彼らが艦艇やヘリで秘密裏に近づき、ゴムボートで島に上陸して偵察や戦闘を敢行するというわけだ。

その任務内容から、有事の際、基本的に隊員は戦闘車両や特科などの支援を受けられず、己の身体能力と手持ちの武器のみで戦わなければならない。

そんな西普連には、2012年にアメリカ製の水陸両用戦闘車「AAV7」の購入が決定され、また、今後、部隊の増強も予定されている。

このように、離島奪還のための上陸任務を受け持つ西普連は、言わば、**日本の「海兵隊」**のような部隊なのである。

西普連の実力

西普連は特殊部隊ではないため、陸自の隊員であれば、誰でも入隊志願をすることはできる。

しかし、単独での敵地侵入などといった任務

米軍海兵隊との合同訓練に参加した西普連第２中隊の様子

の性質上、西普連の隊員には、当然ながら高い身体能力とサバイバル技術が要求される。

隊員の大半がレンジャー資格を取得しているのは、そういった背景があるからだ。

中でも、重要視されているのが水泳の能力であり、これは、水際での活動が多い西普連ならではの特徴だと言えるだろう。

西普連に入隊した新人たちは、初めに水泳能力を測られ、その後各部隊に配属される。

それ以降は能力に基づいた訓練を受ける一方で、ボートの操舵や応急処置、また着装泳の技術などが教え込まれ、全隊員が同じように高い能力を発揮できるよう教育が行われるのだ。

こうした訓練の成果は、年に一度の「戦技競技会」の場で発揮される。

種目は、６人１チームで行う「行軍レース」

というもので、その概要は以下の通りだ。

まず、装備を身につけたまま岸から飛び込み、海上のボートまで泳ぎ、パドルで漕ぎながら約2キロのコースを進む。そして、島の海岸に到着するとボートを隠し、丸太を担いでゴールへと向かう。

このコースは平坦ではなく、起伏や水路、偽造網などもところどころに設置され、隊員たちの行く手を阻むのである。

これらは、すべてが実戦における行軍を想定したものとなっており、「競技会」とは言うものの、事実上の行軍演習だ。

なお、この戦技競技会は一般には公開されていない。

また、西普連は米軍とも密接なつながりを持ち、特に、海兵隊とは何度か合同訓練を行うなどして、技術の向上に励んでいる。

実際、2012年9月には、グアムで離島防衛を想定した合同訓練が実施され、また、壱岐周辺でも同目的の訓練が行われたようだ。

こうした訓練を積み重ねてきた結果、西普連の隊員たちの技量は陸自全体の中でも相当高い水準にあると言われ、一説によれば、西普連は**無補給でも3週間は作戦継続が可能**なほどだとされている。

韓国からわずか50キロの島「対馬」の防衛

国防と言えば、最近では尖閣諸島ばかりが注目されがちだが、実は、韓国から約50キロという近距離に位置する長崎県の対馬も、隠れた最前線の1つなのである。

名称	おおよその人数	規模	指揮官の階級 （陸自における指揮官の階級）
軍	５万～６万人 もしくはそれ以上	２個以上の軍団 または師団	元帥～中将
軍団	３万人以上	２個以上の師団	大将～中将
師団	１万～２万人	２個～４個の 旅団または連隊	中将～小将 （陸将）
旅団	2000 ～ 5000 人	２個以上の 連隊または大隊	少将～大佐 （陸将補）
連隊	500 ～ 5000 人	１個以上の 大隊または複数の中隊	大佐～中佐 （１等陸佐）
大隊	300 ～ 1000 人	２個～６個の中隊	中佐～少佐 （２等陸佐）
中隊	60 ～ 250 人	２個以上の小隊	少佐～中尉 （３等陸佐～１等陸尉）
小隊	30 ～ 60 人	２個以上の分隊	中尉～軍曹 （１等陸尉～３等陸尉）
分隊	10 人	最小単位（さらに複数の 「組」に分けられることもある	軍曹～兵長 （２等陸曹～３等陸曹）

一般的な陸軍の部隊の単位の表。対馬警備隊は１個中隊を中心とした小規模な部隊でありながら、隊長の階級は１等陸佐であり、実質的には連隊並の扱いである

そんな対馬を防衛している部隊が、陸自の**「対馬警備隊」**で、対馬駐屯地に置かれている。

また、対馬には海自の「対馬防備隊」という部隊も置かれ、さらに、対馬の北にある海栗島《うに》という島全体が空自第19警戒隊のレーダー基地になっていることからも、対馬の重要性が分かるだろう。

対馬警備隊は、その規模こそ普通科1個中隊を中心とする約３５０人の小規模な編成ではあるが、実質的には第4師団長直轄の独立部隊で、また、隊長も、本来ならば連隊長クラスに相当する1等陸佐が就任する。

要するに、対馬警備隊は中隊程度の規模であるにもかかわらず、連隊並に扱われる重要な部隊なのである（上図参照）。

そんな対馬警備隊の歴史は古く、部隊発足の

きっかけは1959年にまでさかのぼる。

それまで、対馬防衛は在日米軍の派遣部隊が担当していたのだが、この年の米軍撤収に伴い、2年後の1961年に、陸自から「対馬作業隊」が派遣された。

さらにその後、部隊改変が行われ、1980年に現在の対馬警備隊が誕生したのである。

対馬警備隊の任務は、有事の際に、本土から応援部隊が到着するまで対馬を守り抜くことである。

圧倒的多数の敵軍との戦闘も想定されているため、森林地帯での**ゲリラ戦を行う能力が非常に高い**のが部隊の特色だ。

こうした部隊方針から、対馬警備隊は**「山猫部隊」**とも呼ばれ、レンジャー資格者の割合も西部方面隊では西普連に次ぐ高さだという。

最前線部隊の敵となり得る中国・韓国の上陸戦闘部隊

さて、ここまで紹介してきた日本の最前線を守る部隊の脅威となり得るのが、中国海軍の**「中国海軍陸戦隊」**と韓国海軍の**「韓国海兵隊」**で、共に、上陸戦闘を任務とする部隊である。

中国海軍陸戦隊は1953年に台湾侵攻に備えて設立されたが、一度解体され、その後、近隣国との領土問題が持ち上がったため、1980年に再編成されたという経緯がある。

現在、2個旅団で約1万2000人からなる中国海軍陸戦隊は「南海艦隊」に配備され、南沙・西沙諸島侵略に貢献しているが、尖閣諸島問題が今後も燃焼し続ければ、東シナ海を担当する「東海艦隊」にも、同様の上陸戦闘部隊が

韓国海兵隊の隊員たち。手にしているのは「K2」という韓国が独自に開発した自動小銃である

設置される可能性は大いにある。

一方、韓国海兵隊は3万人弱の兵力を有する、韓国軍で唯一、志願兵のみで編成された部隊だ。最新の武器を装備し、よく鍛えられていることの部隊は、上陸作戦能力のみなら自衛隊を上回るという識者もいる。

そして、仮に対馬などで争いが起きれば、この部隊が先頭で上陸してくることが予想される。

こうした場合、当然ながら実際には空自・海自からの支援や方面隊からの援軍があるため、西普連や対馬警備隊だけが戦うというわけではないが、やはり、最前線を守る部隊としては、その規模の小ささは若干気にかかるところだ。

有事の際の島嶼防衛を一層確実なものにするためにも、今後とも、最前線部隊のさらなる戦力の充実を期待したいところである。

自衛隊は他国の弾道ミサイルに対してどのような防衛戦略をとっているのか？

核弾頭を積んだ弾道ミサイルの脅威

２０１２年12月12日、北朝鮮によるミサイルの発射実験が、アジアを揺るがした。

日・米・韓が予想していなかったタイミングで放たれたこの事実上の長距離弾道ミサイルは、宇宙に打ち上げられ、機体の一部が予告通りフィリピン近海へと落下した。

そしてこのことは、北朝鮮のミサイルがアメリカ西部にまで到達する可能性を示した。

つまり、ミサイルに核弾頭を積めば、**北朝鮮は核兵器でアメリカを狙える**ということで、北朝鮮の脅威はより高まったと言える。

また、日本の近隣国における核ミサイルの脅威は、北朝鮮によるものだけではない。

なぜなら、中国軍にも「第２砲兵部隊」と呼ばれる戦略ミサイル部隊が存在するからだ。

この部隊は、中国共産党の軍事中央委員会が直接指揮する中国軍の最重要部隊で、１９６６年に発足されたが、現在なお、その全容は秘密のベールに包まれている。

そして、第２砲兵部隊は短・中距離弾道ミサイルはもとより、**核兵器を搭載可能な大陸間弾道ミサイルも20基以上保有**しているという推測があるのだ。

北朝鮮　ミサイル発射

沖縄西方を通過

自衛隊　迎撃措置取ら

日本政府は12日、北朝鮮が同日午前9時49分頃、「人工衛星」と称した長距離弾道ミサイルを南方向に発射した、と発表した。防衛省などによると、ミサイルは分離し、一部が午前10時1分頃、沖縄県の本島西方の南西諸島上空を通過、10時5分頃、フィリピン東300㌔の太平洋上に落下したと推定される。自衛隊は地対空誘導弾「PAC3」などを沖縄県に展開していたが、落下の恐れが生じず迎撃措置は取らなかった。政府は北朝鮮に抗議するとともに、国連安全保障理事会での制裁決議を目指す方針だ。＜「不意突かれた」11面、関連記事2・10面＞

政府が抗議

日本政府などによると、発射されたのは3段式の弾道ミサイル1発。北朝鮮北西部東倉里の西海衛星発射場から発射された。部品の一部が午前9時58分頃、朝鮮半島西方約200㌔の黄海上、9時59分頃に朝鮮半島南西約300㌔の東シナ海上、10時5分頃にフィリピン東方約300㌔の太平洋上にそれぞれ落下した模様だ。

3段目などの切り離しに成功していれば、米本土を標的とする大陸間弾道弾（ICBM）の保有につながり、米国にとっても脅威となりそうだ。

日本政府は、午前9時52分に米軍の早期警戒衛星の情報（SEW）を入手し、全国の自治体に専用回線メ

安保理、緊急会

【ニューヨーク＝柳沢亨之】北朝鮮の「人工衛星」と称する弾道ミサイル発射を受けて、国連安全保障理事会は、12日午前（日本時間13日未明）にも緊急会合

2012年12月12日、日・米・韓が予想していなかったタイミングで、北朝鮮が事実上の長距離弾道ミサイル発射実験を行った（画像引用元：「読売新聞夕刊」2012年12月12日記事）

二段構えの迎撃態勢

ただ、核兵器は、あくまで核を持つ他国から恫喝されたりすることを抑止する目的が強いため、基本的には、これらのミサイルが日本を襲う可能性はかなり低いと言える。

それでも、万一弾道ミサイルが放たれた場合を想定した防衛は当然必要なので、自衛隊は、そのための手段を米軍と共同で完成させている。

それが、**「BMD」**（Ballistic Missile Defence）と呼ばれる、弾道ミサイル迎撃システムだ。

これは簡単に言えば、イージス艦から発射する迎撃ミサイルと、地上から発射する迎撃ミサイルを用いて飛んでくる弾道ミサイルを撃ち落とすという二段構えの態勢である。

なお、前述の通り、このシステムは在日米軍からの支援が組み込まれており、「日米一体の防衛手段」であるといっても過言ではない。

これを実行するための中心兵器が、海自のイージス艦が搭載する**「SM-3」**と、空自の**「PAC-3」**（パトリオットミサイル）だ。

「SM-3」は、弾道ミサイル迎撃用にアメリカで開発された海上配備型のミサイルで、その射程は約1200キロメートル。短・中距離弾道ミサイル迎撃には、絶大な効果を発揮する。

そして、仮に外国から日本へ向けて弾道ミサイルが発射されると、まずはこの「SM-3」を使い、大気圏外での撃墜を試みる。

しかし、SM-3が撃墜に失敗してしまった場合には、PAC-3の出番である。

PAC-3は、最新鋭のパトリオットミサイルで、目標の探知、補足、識別力が高い。

また、1基の発射装置に最大16発までの搭載が可能で、低高度から高高度までの幅広いエリアをカバーできる。

なお、このPAC-3については、2012年末の北朝鮮のミサイル発射時にも日本各地に配備されたため、ニュースなどでその名を聞いたという方も多いのではないだろうか。

迎撃実験の成功

ここで気になるのが、これらの迎撃ミサイルが、果たして本当に飛んでくる弾道ミサイルを撃ち落とせるのかということであるが、それについては、頼もしいデータがある。

2010年10月、ハワイ沖で行われた日米合

ハワイ沖で行われた2007年の訓練において、弾道ミサイル迎撃ミサイル「SM‐3」を発射する海上自衛隊のイージス艦「こんごう」

同で、弾道ミサイルの迎撃実験が行われた。

そしてこの実験に参加した**海自の護衛艦「きりしま」は、SM‐3による迎撃実験を見事成功させた**のである。

実のところ、SM‐3を使い、大気圏外で弾道ミサイルを迎撃することは、速度や高度の問題から、極めて難しいと考えられていた。

よって、実験とはいえ自衛隊のSM‐3が弾道ミサイル撃墜に成功したというニュースは、英米を中心に世界各地で取り上げられたほどだ。

一方、空自のPAC‐3も、2008年に行われた発射実験において、模擬ミサイルの迎撃に成功している。

むろんこれらは実験で、実際に弾道ミサイルが飛んできたときに100％命中するわけではないが、それでも、日本の弾道ミサイルに対する迎撃態勢の状況は、他国と比べてレベルが高い。

米軍の支援

さて、もし北朝鮮や中国が日本へ向けてミサイルを発射した場合、約10分で着弾してしまうので、撃たれてからの対処では遅い。

ただし、弾道ミサイルはいつでもすぐに飛ばせるわけではなく、燃料注入や発射準備に時間がかかるという弱点があるため、この段階でミサイル発射の兆候を発見できるかどうかが、防衛の成否を左右する。

これに関して、最も重要な役割を担っているのが、在日米軍である。

弾道ミサイルの発射施設は相手国の領域内にあるため、航空機で状況を把握することはほぼ不可能で、レーダーでの察知にも限界がある。

そこで、日本は北朝鮮などのミサイル発射の察知を、**「DSP衛星」と呼ばれる米軍の早期警戒衛星に頼っている**のだ。

この米軍の衛星から得た情報と、日本の偵察衛星（情報収集衛星）の情報などと照らし合わせることで、比較的早い段階でミサイル発射の兆候をつかむことができると言われている。

なお、日本の偵察衛星は、DSP衛星とは違い静止衛星ではないため、1ヶ所を常に監視しておくことができず、日本の衛星だけでは、ミサイル発射の兆候を捉えるのに不充分なのだ。

これに加え、危機が差し迫った際には、アメリカ本土から**「THAAD」**と呼ばれる迎撃ミサイルの運用部隊の増援が期待される。

THAADとは、宇宙空間から大気圏に再突

2012年4月、北朝鮮のミサイル発射実験（結果は失敗）時、破壊措置命令を受けて石垣島に展開した航空自衛隊の「PAC - 3」（パトリオットミサイル）（写真引用元：「平成24年版 日本の防衛 防衛白書」）

入した段階の弾道ミサイルを迎撃するためのミサイルで、PAC‐3よりも高度で（先に）弾道ミサイルを迎撃するための兵器である。

つまり、THAADによる迎撃態勢がある場合には、三段構えの迎撃態勢がとれるのだ。

このように、自衛隊は米軍の支援を受け、弾道ミサイル防衛をより強固にしているのである。

弾道ミサイル迎撃の手順

最後に、仮に北朝鮮が日本にミサイルを発射するとなった場合、具体的にどのような手順でこれを迎撃するのか。その流れを見ていきたい。

まず、DPS衛星で北朝鮮のミサイル発射の兆候を察知した米軍から通告を受けた自衛隊は、日本が収集した情報と照合し、情報の真偽を解析。そして発射が不可避ならば、防衛省は政府にミサイル攻撃の可能性を報告し、総理大臣が自衛隊に防衛出動（１７４ページ参照）を命ずる。

出動命令が下った自衛隊は、空自のＦ‐15Ｊ戦闘機に護衛をつけ、在日米軍の弾道ミサイル情報収集機「ＲＣ‐１３５」と共に、警戒行動にあたらせる。

次に、「ＢＭＤ統合任務部隊」所属のイージス艦が日本近海へと進出し、さらに、空自の高射部隊（地対空ミサイル部隊）が、弾道ミサイル落下予測地点の近辺へと展開する。

そして、飛来するミサイルはイージス艦と日本各地のレーダーによって監視され、大気圏外で弾頭が切り離されるのに合わせ、まずはイージス艦からＳＭ‐３を発射する。

ここで撃墜できれば任務は終了だが、もし失敗すれば、次に米軍がＴＨＡＡＤでの邀撃を試み、ここでも阻止できなかった場合、最後にＰＡＣ‐３で迎え撃つのである。

ただし、やはりこれでも、確実に弾道ミサイルを撃ち落とせる保証はない。

よって、日本へミサイルが飛んでくることが確実視されたときには、その発射基地を攻撃すべきだという意見がある。

そして実際、日本政府は、**こうした危機の場合に敵基地を攻撃することは適法**だという見解を示しているのだが、そのための巡航ミサイルなどを、自衛隊は保有していない。

したがって、今後、近隣国からの弾道ミサイルの脅威が一層増すようであれば、攻撃兵器の保有に関する法整備などの活発な議論も必要になってくるのである。

米軍の迎撃ミサイル「THAAD」を発射する様子。2009 年の北朝鮮のミサイル発射実験を受け、日本の防衛省もこのミサイルの導入を検討しているとの一部報道があったが、実際のところ、防衛省は、THAAD 導入のための具体的な検討はしていないと発表している

自衛隊の災害派遣・復興支援は国内外で非常に評価が高い？

阪神・淡路大震災の教訓が生きた東日本大震災時の出動

近年では、大災害時における自衛隊の「災害派遣」が、国防と並ぶ重要任務として認識されている。

それは、２０１２年１月に内閣府が実施した世論調査でも明らかで、「自衛隊・防衛問題に関する世論調査」では、実に97・7％の人々が自衛隊の災害派遣について評価している。

これはやはり、２０１１年に起きた東日本大震災の際、自衛隊が**約２万人を救出した**成果によるところが大きいだろう。

そんな自衛隊の災害派遣についての「ターニングポイント」となった大災害がある。

それが、１９９５年に起きた阪神・淡路大震災だ。

当時、自衛隊の派遣を要請するためには、都道府県知事が、その理由などを文書で明らかにしなければ出動できない（事態が緊迫した場合は除く）、といった煩雑な手続きが自衛隊法の中で定められていた。

しかし、阪神・淡路大震災では、連絡ツールがつながりにくい状態が続いたり、情報が混乱するなどして自衛隊の要請に手間取った結果、自衛隊の出動が遅れた。

東日本大震災時、手探りで行方不明者を捜索する陸上自衛隊員たち（写真引用元：「平成23年版 日本の防衛 防衛白書」）

さらに、地方自治体との協力関係の構築の失敗や、人命救助用の装備の不備なども重なってしまった。

これらの反省点を踏まえ、その後、自衛隊法や災害対策基本法といった関係法令が改正され、手続きが簡素化された。

つまり、大災害時において、自衛隊が出動しやすく、また、救助を円滑に進められるように改善されたというわけだ。

そして、東日本大震災では**約10万人の自衛隊員を動員**するという大規模な出動となり、迅速かつ的確な行動によって、多くの命を救うことができた。

陸・海・空自衛隊員の総数が約24万人であることを踏まえると、このときに動員された隊員数が非常に多いことが分かるだろう。

大災害に即対応する陸自の「中央即応集団」

また、2007年3月には、日本の新防衛大綱に基づき、防衛大臣直轄の機動運用専門部隊**「中央即応集団」**が陸自に創設された。

この部隊は、有事の際、迅速に行動・対処することを任務としているが、国内の大災害時の緊急対応にもあたる、陸自の精鋭集団だ。

約14万人の陸自隊員の中の精鋭（約4000人）で構成された中央即応集団は、2007年7月の新潟中越沖地震や、2008年6月の宮城・岩手内陸地震の際、人員派遣やヘリコプターによる機材・食料の空輸などで活躍した。

そして、東日本大震災では、福島第一原子力発電所、及びその関連施設において給水・放水・消火活動を行うなど、危険かつ重責な任務を担っていたのである。

自衛隊ならではの高い「自己完結性」

自衛隊が災害時に活躍する理由として、最大の特徴と言えるのが「自己完結性」である。

というのも、例えば警察や消防のレスキュー隊は、建設や不整地輸送などについては、他の組織に頼らず独力だけで行うことは難しい。

しかし、自衛隊は、建設・給水・給食・医療・不整地輸送・空中機動・警備・通信のすべてを自力でまかなうことができるため、スムーズな支援が行える。

具体例を挙げれば、自衛隊は地震で道路や橋が壊れた場合でも、陸自の施設科が道路を修理

陸上自衛隊の「81式自走架柱橋」。地震で橋が壊れている場合などは、この車両を使って橋をかけて移動する（写真引用元：「陸上自衛隊 HP【http://www.mod.go.jp/gsdf/】」）

でき、また、「81式自走架柱橋」などの車両を使えば、迅速に橋を設置することもできるということだ。

この他にも、陸自には多彩な装備がある。

１台で２００人の食事を用意できる「野外炊具１号」、洗濯機と乾燥機を組み合わせた「野外洗濯セット２型」、１日で１２００人を受け入れられる「野外入浴セット２型」などは、その代表だと言えるだろう。

「自衛隊駐留継続懇願デモ」が起きたイラク派遣

また、こうした自衛隊の派遣は、国内だけでなく海外でも行われているが、高い能力はもとより、礼儀正しさと志の高さゆえ、**各国で多大なる感謝を受けている**のだ。

2004年1月から始まった自衛隊のイラク派遣において、「第1次イラク復興業務支援隊」の隊長は、「ひげの隊長」と呼ばれた佐藤正久1等陸佐（現・参議院議員）だった。

佐藤隊長は、地元住民との友好を深めるため、文房具を配ったり、周辺の部族長に羊の肉を贈ったり、さらに、車両での移動中に市民を見かければ、自衛隊隊員のほうから手を振るという「スーパーうぐいす嬢作戦」も行った。

また、この地域（サマワ）は、伝統的な部族社会であるため、佐藤隊長は部族長たちの話によく耳を傾け、親身になって接した。

こうしたきめ細かい対応は、当然ながら派遣先の人々の心を打ち、ある有力な族長などは、**「自衛隊を攻撃すれば一族郎党を征伐する」**という布告も出したほどだった。

そして、佐藤隊長をはじめとする陸自隊員たちが帰国する際には、別れを惜しむ周辺部族の族長から族長服を送られ、佐藤隊長は「サミュール（同胞）・サトウ」というアラブ名も進呈された。

加えて、市民による**「自衛隊の駐留継続を懇願するためのデモ」**まで起きている。

世界各地で評価が高い自衛隊の災害派遣・復興支援活動

イラク以外でも、自衛隊の海外派遣に対する地元の反応は良好だ。

1991年4月、自衛隊初の海外任務となった、湾岸戦争後のペルシャ湾掃海派遣部隊を指揮した落合畯氏（元・海将補）によれば、寄港するアジア各国から、自衛隊は大歓迎を受けた

ハイチ地震による海外派遣で、倒壊したメトロポールハイチ大学の解体・瓦礫除去を行う自衛隊員たち（写真引用元：「平成 23 年版 日本の防衛 防衛白書」）

そうだ。

実際、シンガポール軍の最高司令官からは、「東洋・アジアを代表して、どうか頑張ってきてください。よろしくお願いします。そのための支援なら何でもしますので、遠慮なく言ってください」とまで言われたという。

この他、２００４年12月のスマトラ島沖地震、２０１０年１月のハイチ地震など、数多くの海外の災害被災地にも自衛隊は派遣されており、どこにおいてもその活動内容は高い評価を得ている。

そしてこのように、自衛隊が復興支援・災害派遣などで海外から大いに頼られ、感謝されているということが、**自衛隊自体のみならず、日本にも大いなる利益をもたらしている**ということは、言うまでもないだろう。

自衛隊の戦闘糧食「ミリメシ」はとても美味しい？

士気にも関わる「戦闘糧食」

自衛隊員や他国軍の隊員が非常食として携帯するのが、**「戦闘糧食」（レーション）**と呼ばれるものだ。

自衛隊の場合は、缶詰中心の「戦闘糧食Ⅰ型」と、レトルト中心の「戦闘糧食Ⅱ型」に大きく分けられ、保存期間は、戦闘糧食Ⅰ型が3年、戦闘糧食Ⅱ型は1年となっている。

そして、「腹が減っては戦ができぬ」という格言もあるように、国防や災害救助活動を担う自衛隊員たちにとって、配給されるこれらの糧食は、士気にも関わる非常に重要なものなのである。

画期的だった「缶メシ」

自衛隊の戦闘糧食は、1950年、前身組織の「警察予備隊」が創設された際、「乾麺麭《かんめんぽう》」という乾パンが非常食として用いられたのが始まりだ。

その後、味や軽量化などについて、様々な研究・改良が続けられてきた。

そんな戦闘糧食の中でも、隊員の間で「缶メシ」と呼ばれる戦闘糧食Ⅰ型は、「米飯」が缶

自衛隊の「缶メシ」こと「戦闘糧食Ｉ型」。右上から時計回りに「白飯」「赤飯」「たくあん漬け」「ウインナーソーセージ」（写真引用元：「自衛隊神奈川地方協力本部 HP【http://www.mod.go.jp/pco/kanagawa/index.html】」）

の中に詰められており（「おかず」が入った缶詰もある）、これは、主食として米が欠かせない日本人ならではの工夫だと言えよう。

旧日本軍の時代は、戦地で飯盒炊爨《はんごうすいさん》をしなければ、隊員たちは米飯を食べることができなかった。

だが、缶詰にすることでその手間を省き、同時に、生米に生えるカビの問題や、水の調達の問題も克服できた。

すなわち、**缶メシは非常に画期的な発明**だったのである。

厳しい任務中に、ソウルフードとも言える米飯を食べることができる状況を約束してくれる缶メシは、自衛隊員たちの心の支えと言っても過言ではないだろう。

なお、缶メシは種類が豊富で、白ごはんのみならず、赤飯やとり飯などといったバージョンも存在する。

そして、缶詰ならではの「味も香りも密封」が可能だ。

したがって、例えばとり飯を開缶する際には、ゴボウやダシの香りがふわっと立ち上り、それも喜ばれているという。

また、後述する「パックメシ」など、缶メシ以外の自衛隊の戦闘糧食についても、品質が非常に高い。

そのため、現在では**「自衛隊の戦闘糧食は、世界的に見ても相当レベルが高い」**と賞賛されるほどなのである。

なお、こうした自衛隊の「戦闘糧食」は、総称して**「ミリメシ」**(「ミリタリーメシ」の略)とも呼ばれている。

「パックメシ」の登場

缶メシこと戦闘糧食I型は、自衛隊が創設された1954年当時から存在したのだが、その後、1990年に登場したのが、レトルトタイプの戦闘糧食II型である。

これは、陸自が独自に開発した戦闘糧食で、隊員たちからは「パックメシ」と呼ばれている。

パックメシは、味で缶メシに勝るとも劣らないのはもちろんのこと、缶メシより軽いことや、ゴミを草むらに放置しても目立たない(敵に痕跡を感づかれにくい)色づかいがされている点などで、さらにレベルアップしたと言える。

実際、カンボジアPKO派遣中の1993年に行われた、UNTAC(国際連合カンボジア

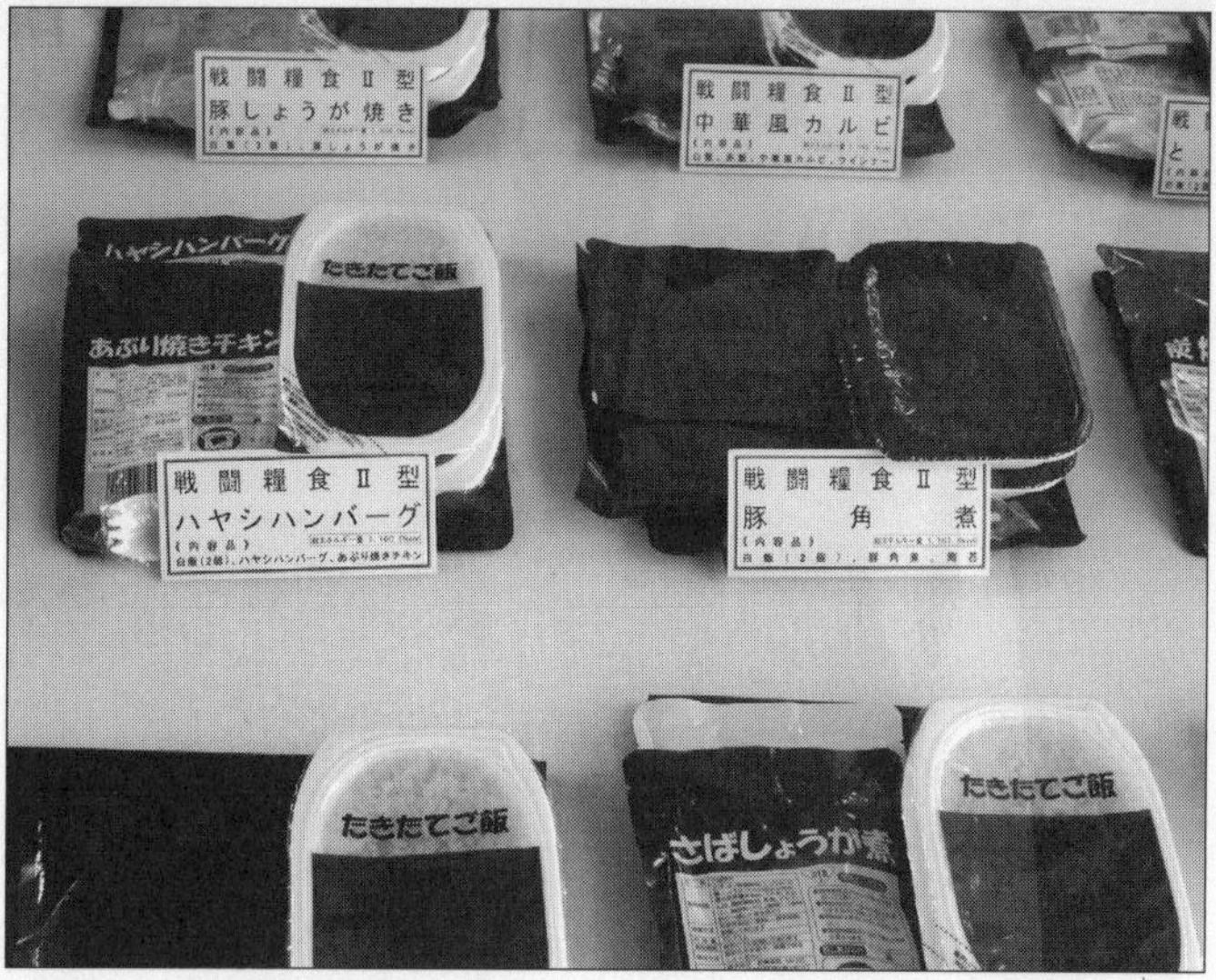

「パックメシ」こと「戦闘糧食Ⅱ型」。おかずのバラエティーも豊富である

暫定統治機構）参加国によるレーションコンテストで、このパックメシは、**見事1位に輝いた**のである。

このように、国際的にも自衛隊の戦闘糧食の評価が高いのは、和・洋・中を織り交ぜた、バラエティーの豊富さが一因だろう。

さらにその後、２００８年にはメニューが改善されて、14種類だったパックメシは21種類に増えた。

自衛隊の戦闘糧食は、今後も進化を続けていくことだろう。

自衛隊員に人気のミリメシは？

ところで、当の自衛隊員たちに好評な戦闘糧食は、どのメニューなのだろうか。

陸上自衛隊の広報動画「ミリメシアワー」によれば、まず、缶メシでは、「乾パンセット」の人気が高い。

このセットにはソーセージ缶もついており、また、乾パンに付属のオレンジスプレッドソースをかければ絶妙の甘さで、「疲れがとれる」と好評だという。

また、「とり飯・ます野菜煮・たくあん漬けのセット」や「赤飯・まぐろ味付け・コーンドミートベジタブルのセット」なども人気の常連なのだそうだ。

一方、パックメシでは、「クラッカー・ハムステーキ・ポテトサラダ・たまごスープのセット」や、「豆ごはん（または山菜飯）・焼き鳥・味噌汁・ハリハリ漬のセット」などが好評で、さらに、ボリューム満点の中華メニューや肉団子のセットも根強い人気を誇る。

そして、こうした人気メニューの中でも、特に缶メシの**「たくあん漬」は、もはや「名品」**として名高いという。

ちなみに、このたくあん漬は2007年に製造元が倒産してしまい、一度消滅の危機を迎えたが、その後、別会社が生産を請け負うことになり、今なお存在している。

中国軍・韓国軍の戦闘糧食

では、中国軍と韓国軍では、どのような戦闘糧食が配給されているのだろうか。

まず、中国では、「圧縮干粮」というクラッカーや、「自熱食品」というチャーハンセットがよく知られている。

韓国軍の戦闘糧食。彼らにはキムチ（左）が欠かせないという。なお、右は「炸醤飯」と呼ばれる、米飯に肉味噌をかけたもの（写真引用元：「ワールド・ムック 612 兵士の給食・レーション 世界のミリメシを実食する」）

一方、韓国軍には、レトルトの「1型」とフリーズドライの「2型」が存在するが、日本人の米飯のように、**彼らにとって欠かせないのが「キムチ」の存在**だ。

実際、ベトナム戦争に韓国軍を派兵していたときには、当時の朴正熙大統領が、ジョンソン米大統領に対し、「1日でも早く、（キムチが）わが軍人の口に入れば、士気が格段に高まる」と、韓国軍隊員へのキムチの配給を要求する親書を送ったほどだと言われている。

なお、これら中国軍と韓国軍で用いられる戦闘糧食の味も比較的美味しいようだが、炭水化物が中心となっている。

その点では、「おかず」のバラエティにも富んでいる自衛隊の戦闘糧食のほうが、栄養のバランスが考えられているようだ。

126

第2章 自衛隊が中国軍・韓国軍より強いこれだけの理由。

現代ではどのような国が「強い国」で日本はそれに当てはまるのか？

時代によって変化する兵器や戦術

「戦争は発明の母である」という言葉がある。

実際、戦争を通じて新しい技術が次々に生み出され、それが後に一般的に使用されるというケースは決して珍しいことではない。

例えば、現代生活において欠かせない**「インターネット」も、もともとは軍事目的で開発されたもの**なのだ。

また、単に新技術だけでなく、戦法も新しいものが生まれ、それを活用した戦いが繰り広げられてきた。

歴史をひもとけば、第一次世界大戦においては、毒ガス兵器やタンク（戦車）が登場した。

そして、第二次世界大戦では、それまで歩兵や艦隊の補助的な役割を担っていた航空機の機動力を活用することで、日本海軍が真珠湾攻撃を成功させた。

一方、アメリカは「原子爆弾」という大量殺戮兵器の開発に成功した。

その後、ベトナム戦争では、ジャングルに潜むベトナム兵を焼き払うため、高温で燃焼する焼夷弾「ナパーム弾」が多く使用され、「枯葉剤」が散布された。

さらに、湾岸戦争は、巡航ミサイルがピンポ

第一次世界大戦では、毒ガス兵器（写真上）が登場し、ベトナム戦争ではナパーム弾（写真下）が使用された。「戦争は発明の母」という言葉が証明するように、戦争ごとに、新たな兵器が現れている

イントでイラクの施設を攻撃したことから「ニンテンドー・ウォー」とも呼ばれ、その技術の高さが評価された。

このように、戦争は時代によって形を変えるが、では、現代において「戦争に強い国」とはどのような国家のことを言うのか。

そして、日本は、果たしてそれに当てはまるのだろうか。

ハイテク兵器及びそれを扱う知識と技術が重要

湾岸戦争は1991年に勃発したが、前述の通り、この戦争では、イラク軍と多国籍軍のミサイルが飛び交う戦いになった。

しかし、兵器の差がものを言い、湾岸戦争は長期化も予想されていたにもかかわらず、わずか1ヶ月余りでイラクが敗れたのである。

この戦争から分かるのは、現代戦において重要なのは、**「効率良く戦争を行うためのハイテク兵器」**だということである。

それに加えて、こうした兵器を扱うための技術や知識を持つ隊員を擁していることが欠かせない。

なぜなら、どんなに高度な兵器であれ、それをうまく運用できなければ無用の長物となってしまうからだ。

核保有国＝強い国？

では、「核兵器」を持つ国は強いのか。

確かに、核兵器の保有は抑止力になるため、「保有」にメリットがあることはある。

国名	核弾頭数（概数）	初核実験の年（場所）
核拡散防止条約（NPT）加盟国		
アメリカ	9,400 発	1945 年（ニューメキシコ州）
ロシア（旧ソ連）	13,000 発	1949 年（カザフスタン）
イギリス	185 発	1952 年（オーストラリア）
フランス	300 発	1960 年（アルジェリア）
中国	240 発	1964 年（新疆地区）
核拡散防止条約（NPT）非加盟国		
インド	60 ～ 80 発	1974 年（ラジャスタン州）
パキスタン	70 ～ 90 発	1998 年（バロチスタン州）
北朝鮮	10 発以下	2006 年（吉州郡豊渓里）
ほぼ確実に保有していると見られている国（NPTには非加盟）		
イスラエル	80 発	不明

世界の核兵器保有国（2009 年時点のデータ。推測を含む）。今後、NPT 加盟国が核兵器を自ら使用する可能性は極めて低く、また、基本的に近年では核軍縮推進の気運が高まっている

ただ、「使用」については別だ。仮に、紛争において核兵器を実際に使ってしまえば、非難声明どころの騒ぎではない。

それこそ世界からの孤立を強いられるのは確実で、少なくとも、**大国が核兵器を自ら使用するということは、まずない**と考えてよい。

よって、例えば尖閣諸島付近で日中間の武力衝突が起きたとしても、核保有国である中国が日本の本土に向けて核ミサイルを放つ可能性は皆無に近い。

こうしたことを考えれば、「核を持っている国が戦争に強い」とは、単純には言えないのである。

ただ、独裁国家などが、どんな経済制裁や武力制裁を受けても構わないという覚悟で核兵器を保有することは恐い。

北朝鮮が脅威とみなされているのは、このためでもある。

とはいえ、あくまでこれは北朝鮮が自暴自棄になって核兵器を使用してしまうことが恐いということであり、北朝鮮（軍）が強いのかといえば、当然ながら話は別だ。

日本の核武装論

ここで、しばしば議論のテーマとなる、「日本の核武装」も問題についても触れておこう。

まず、日本は、核兵器を「作らず」「持たず」「持ち込まさず」という国是がある。これが、いわゆる「非核三原則」と言われるものだ。

また、自衛隊は「専守防衛」という理念を掲げている（178ページ参照）。

このような前提から考えれば、日本が「核武装」をすることは、極めて非現実的であるように思える。

だが実は、**「自衛の範囲であれば、核武装も憲法上は可能」**という解釈もあるのだ。

実際、1960年代には、佐藤内閣が内閣官房の情報機関「内閣情報調査室」に命じ、日本の核兵器製造能力についての調査書を極秘裏に作成させていたとも言われている。

では、現在の日本では核兵器の開発、及び配備をすることは可能なのだろうか。

その答えは、**開発は「可能」だが、配備は「不可能」**だと思われる。

まず、開発についてだが、日本は原発用とはいえプルトニウムを備蓄しており、技術水準も極めて高いため、これは可能だろう。

今後も、日本が核武装をする可能性は極めて低いと考えられるが、すでにアメリカの「核の傘」によって、日本も核抑止力を持っているという見方もある。写真は、かつて米軍が配備していた、アメリカ合衆国初の核弾頭搭載地対地ロケット「MGR - 1」（オネスト・ジョン）

ただし、核兵器を配備するには、その前に「実験」が必要だ。

しかし、当然ながら、国内での核実験など容易にできるはずがない。

それに加えて、国際条約の壁も越えなければならない。

というのも、日本が核兵器を保有・配備するということは、「核拡散防止条約」（ＮＰＴ）をはじめとした、国際的な原子力協定を破棄することを意味する。

これにより、世界各国との関係が確実に悪化してしまうことを考えたら、日本は無理に核武装をする必要はないように思える。

さらに、そもそも**日本はすでに核武装をしている**という見方もある。

なぜなら、１９９５年に閣議決定された「防衛計画の大綱」(防衛大綱)の中には、「核兵器の脅威については、アメリカの核抑止力に依存する」という主旨の一文がある。

これはつまり、日本は自ら核武装はしていないが、いわゆる、**アメリカの「核の傘」に守られた状況下にある**ということだ。

経済力も重要

また、「戦争に強い国」の条件として外せないのが**「経済力が強い国」**だということだ。

実のところ、これが一番重要だといっても過言ではない。

なぜなら、軍の兵器研究を行うにせよ、優秀な人材を育てるにせよ、そのためには資金が必要になるからだ。

さらに、兵器などについては開発すればおしまいではなく、それを運用するための維持費もかかる。

実際、北朝鮮が核兵器を使わず他の先進国と戦争をしようとしても、経済力の弱さがあだとなり、少なくとも長期戦などは継続する体力さえないだろう。

また、経済的に強ければ、他国に対する積極的な援助が可能になるため、友好国もそのぶん多くなるのである。

総合的に考えれば日本は「強い」

そして、こうした要素を総合して考えれば、**日本は世界でも有数の「強い国」**だと言えるだろう。

順位	国名	名目GDP（単位：10億ＵＳドル）	前年の順位
1位	アメリカ	15,075.68	1位
2位	中国	7,298.15	2位
3位	日本	5,866.54	3位
4位	ドイツ	3,607.36	4位
5位	フランス	2,778.09	5位
6位	ブラジル	2,492.91	7位
7位	イギリス	2,431.31	6位
8位	イタリア	2,198.73	8位
9位	ロシア	1,850.40	11位
10位	インド	1,826.81	9位
11位	カナダ	1,738.95	12位
12位	オーストラリア	1,486.91	13位
13位	スペイン	1,479.56	12位
14位	メキシコ	1,153.96	14位
15位	韓国	1,116.25	15位

2011年の名目GDPの国別ランキング上位15ヶ国（資料引用元：「世界経済のネタ帳【http://ecodb.net/】」）

なぜなら、自衛隊は攻撃用兵器を持っていないが、イージス艦など、国防のための兵器は、他国と比べてもかなり充実している。

さらに、完全に頼りきることは問題だが、アメリカと軍事同盟を結んでいることは、やはり他国に対する抑止力になっている。

加えて、国民全体の知的水準が高く、兵器を扱う自衛隊員たちについてもそれは同様で、優秀な人材が多い。

また、いくら不景気が続いているとはいえ、日本は現在なおＧＤＰが世界3位の経済大国である。

そして、日本はこれまで多くの国々に援助を行っており、特に、１９９１年から２０００年までは世界一の援助額を誇っていたため、友好国も多いのである。

中国軍・韓国軍は隊員の「練度」が自衛隊より低い？

実力の差は練度の差？

自衛隊が中国・韓国よりも優れている点として、隊員の「練度」に差があることが挙げられる。これは、充分に訓練を施された自衛隊員たちの能力が高い（44ページ参照）ためであることは間違いないだろう。

しかしその一方で、**中国軍・韓国軍の隊員たちの練度が「低過ぎる」**ために、その差がなかなか埋まらないとも考えられるのだ。

実際、このことは、さまざまな点から透けて見えるのである。

訓練も実戦経験も足りない中国海軍

中国海軍は、もともと潜水艦隊以外の外洋艦隊を持っていなかった。海軍はあくまでも沿岸警備のみを任務とし、密輸や密入国、海賊に対する取締りを目的としてきたのだ。

しかし近年になり、装備を整えるなどしてようやく外洋への進出を目論み始めたのだが、アメリカの識者などの多くは、中国海軍の弱点を指摘している。

その最たる理由が、**「訓練不足」**だというものだ。

中国軍の海軍兵。中国軍の隊員たちは、自衛隊員たちよりも「練度」が低いのだろうか

例えば、2012年8月、米軍事情報サイト「Strategypage」に掲載された記事では、「軍艦が作戦能力を高める唯一の方法は、海上でより多くの時間を費やし訓練を実施することである」が、「中国海軍は海上訓練、特に遠洋訓練が著しく不足している」ということが書かれている。

また、アメリカ海軍情報局は、「中国海軍が初めて中国を離れてパキスタンを訪問したのが1985年11月であること」や「中国海軍北海艦隊所属の連合艦隊が初の遠洋合同訓練を行ったのは1986年5月であること」を報告した。

これはすなわち、中国海軍は外洋に乗り出してから、わずか30年足らずであることを指摘しているのだ。

さらに、米国科学者連盟は、中国潜水艦の巡視活動が、アメリカに比べて著しく少ないことをウェブサイト上で伝えた。

このように、訓練不足が懸念される中国海軍だが、実は、**訓練だけでなく実戦経験も乏しい**という事実がある。

現在の中国海軍が創設されたのは1949年のことで、これまで、台湾や南ベトナム相手の小競り合いはあったものの、決して実戦経験が豊富とは言えない。

一方、別項（140ページ参照）でも解説したように、日本の海自は、海軍時代から続く伝統がある。

よって、日清戦争時の「豊島沖海戦」や日露戦争時の「日本海海戦」をはじめ、太平洋戦争終了時まで多々行われた、実戦に関するノウハウや反省が蓄積されているのである。

「30年遅れ」の中国空軍の訓練方法

また、海軍だけでなく空軍も、中国は練度において、航空自衛隊に遠く及ばない。

それは、中国空軍パイロットの飛行訓練時間の少なさ（46ページ参照）も当然関連しているが、そもそも、行っている訓練の方法自体が、**空自よりも「30年は遅れている」**という指摘さえある。

その例として挙げられるのが、管制指示の方法だ。

空自ではかつて、飛行指示を「声」で行っていた。つまり、地上にいる管制官が、レーダーの画面を見ながら、「右へ飛べ」あるいは「上から敵がくる」などの指示を、無線で行ってい

中国空軍の練習機「CJ - 6」。中国空軍の訓練は、航空自衛隊の訓練と比べ「30年遅れている」という指摘がある（©Cialowicz and licensed for reuse under this Creative Commons Licence）

たのだ。

しかし、現在はすべての情報が、デジタルのデータリンクでつながっており、管制官がパイロットと会話をする必要はない。操縦席の画面を見れば、指示が全部把握できるシステムになっているのである。

一方、中国では今なお、空自が30年前に行っていたような、無線での進路指示で訓練を行っている。

そしてこのことは、電波妨害を受けると、雑音で指示が聞き取れなくなるというリスクをはらんでいるのだ。

中国軍内の「小皇帝」問題

この他、中国の軍関係者が頭を悩ましているのが、「小皇帝」問題である。

小皇帝とは、「1人っ子政策」以降に生まれた子たちのことを指し、親が溺愛し過ぎたため、わがままに育つ傾向があるという。

2008年には、そんな小皇帝が1億人を突破し、人口比率から考えれば、軍内部にも約10万人近く存在すると言われている。

彼らは「協調性がない」「自分勝手」「嫌なことはすぐに投げ出す」など、およそ軍人には向かない性格をしているのが特徴だ。

そして実際、2008年年5月に起きた四川大地震の際の救援活動の派遣を、**「危険だから」と渋った若い軍人がいた**という。

もちろん、全員が全員そうだというわけではないだろうが、こうした性質を持つ隊員が多いことは、やはり問題だと言えるだろう。

隊員に技術を身につけるための時間がとれない徴兵制

一方、韓国は徴兵制であるため、隊員の**「士気」に問題がある**と言える。

中には愛国心に燃える者もいるだろうが、嫌々兵役に就いている者も少なくないだろうからだ。

また、戦争の内容が高度化している現代では、そもそも**徴兵制で集められた隊員はあまり役に立たない**と言われている。

なぜなら、兵役期間が限定されている彼らは、ハイテク兵器などを扱う技術を覚えるために必要な訓練時間が、どうしても足りないためだ。

なお、平成23年度自衛官採用試験の倍率は、陸自の自衛官候補生で5・8倍、海自で5・2倍、

「1人っ子政策」を推進するためのタイル絵。この政策により、ある程度人口は抑制されたものの、「小皇帝問題」などといった弊害も生まれた

空自で4・8倍だった。

さらに、幹部候補生に至っては、陸自が35・2倍、海自15・5倍、空自30・5倍と、非常に高かった。また、国公立大卒や有名私大卒の志願者も少なくない。

これは、就職難という時代背景もあるだろうが、少なくとも「自衛隊に入りたい」という気持ちを持った者と、徴兵で集められた者では、士気はもとより、入隊後の練度の向上度もかなり違ってくるのではないだろうか。

対して、ここまで説明してきたように、いくら兵力数で勝っていても、中国・韓国軍はそれぞれ隊員の練度が上がりにくい要素が多い。

こうした状況が改善されない限り、両軍の練度が自衛隊に追いつくことはそう簡単ではないだろう。

中国軍は腐敗し韓国軍はいじめと体罰が横行している？

中国・韓国軍は組織自体に問題が多い？

前項では、軍に所属する「隊員」の質に着目したが、自衛隊に比べ、中国軍、韓国軍はその**「組織」自体にも問題が多々存在する**。

まず中国軍については、「腐敗」が顕著だ。

年々軍拡が進んでいるにもかかわらず、「外見だけが立派な〝張子の虎〟」などと言われてしまうのは、**中国軍内部、特に幹部の腐敗ぶりが非常に深刻**だからだ。

実際、2012年11月、新たに中国共産党中央軍事委員会主席に就任した習近平氏がまず掲げたのが「反腐敗」だったほどである。

伝統的に腐敗している中国軍

中国軍の腐敗を象徴するような事例は多く、例えば、軍所有地や兵舎管理などを担当していた軍の幹部（中将）・谷俊山が、軍用地を勝手に転売し、巨額の利益を得ていたことが2012年に発覚して解任された。

しかし、この事件などはほんの氷山の一角で、自分の利益のことしか考えていないような軍幹部は、彼の他にもまだまだ存在すると見られている。

中国軍は内部腐敗が深刻だという噂は絶えない。写真は、中国軍を指導する「中国共産党中央軍事委員会」が行った「大将昇進式」の様子（写真引用元：「チャイナネット【http://japanese.china.org.cn/】2011年7月24日記事」）

なぜなら、胡錦濤政権は、こうした軍の腐敗に対して有効な対策を講じることができなかったためだ。

それは、規律などにも如実に表れているようで、２０１２年12月に広州軍区の部隊を視察した習近平氏は、**「このままでは、いざ戦闘となっても戦えない」**と、この部隊を痛烈に批判している。

とはいえ、こうしたひどい状況は、もはや中国軍の伝統体質と呼べるものでもあり、腐敗をなくすことは、将来的にも不可能だという声も少なくない。

２０１２年末には、公務活動の際に宴会を設けて酒を飲んだり、記念品を贈ったりしないための「倹約規定」を定めたと中央軍事委員会が発表したが、逆に言えば、こんな決まりをわざわざ設けなければならないほど、中国軍は汚れているのだ。

これはもともと、中国軍、つまり「中国人民解放軍」という組織は、共産党が抱える軍隊であり、「国防のための軍隊」ではなく**「共産党を守るための軍隊」**であるということも関係している。

よって、中国軍の幹部たちは、「国民よりも党員、党員よりも自分」という考え方が強く、現在の経済発展に便乗した金儲けにも余念がないのである。

中国の若者たちは国防に対する関心が薄い？

このように、軍が腐敗しているからか、中国では、国防に関わりたいという国民も少ないようで、2012年末には、そのことを象徴するようなニュースが、中国紙「新京報」によって報道された。

それは、中国の国家公務員試験の申し込みに関するもので、東海分局海洋巡視船員6人と南海分局の海洋巡視船操縦士1人、合計7人を募集したところ、**志願者はゼロ**だったというのである。

確かに、尖閣問題などで日中間が緊張状態にある現在、こうした監視業務は危険を伴う可能性がある。

したがって、中国の若者たちは「あえて危険を冒すリスクを避けただけ」とも考えられるが、国家公務員の募集に志願者なしとは、あまりにも寂しいものがある。

一方、春と秋に募集される日本の海上保安学

汚職が原因で中将を解任された中国軍の谷俊山氏（写真引用元：「欧华传媒网【http://www.ouhuaitaly.com/】2013年2月8日記事」）

校への入学希望者は、２０１２年、過去最多の約1万6０００人となった。

これは、尖閣周辺海域における海上保安官たちの活躍の影響に加え、日本の若者たちに「国を守りたい」という意識が広がっているとも言えるのではないだろうか。

いじめや体罰が横行している韓国軍

一方、韓国軍が抱える組織的な問題点としては、「訓練」と称する**いじめや体罰が横行**しているということだ。

それが世に知られる大きなきっかけとなったのが、２００5年6月の「漣川軍部隊銃乱射事件」である。

京畿道漣川郡の非武装地帯内にある、韓国陸軍第28師団第530前方警戒所で起きたこの事件は、**日々繰り返される上官からのいじめや暴力に耐えかねた1等兵が手榴弾を投げ、自動小銃を乱射**したというものだった。

その結果、同僚の隊員8人が射殺され、2人が負傷した。

この事件を受けて、国は注意を呼びかけ実態調査に乗り出すも、軍のいじめ体質は改善されなかったようで、2011年7月には、韓国北西部・江華島の海兵隊監視所で、やはりいじめに耐えかねた上等兵が銃を乱射するという事件(江華島海兵隊銃乱射事件：4人死亡・2名負傷)が起きている。

このように、同僚を射殺するほど追いつめられてしまう韓国の軍隊生活とは、一体どのようなものなのか。

実は近年、その異常性を伝える動画がネット上で出回り、話題になった。

そこでは、上官たちから、目を開けたままで睡眠を強いられる、便器や水中に頭を入れられる、糞尿で顔を洗わされる……など、もはや訓練とは言いがたい**「拷問」**のような光景が映し出されていたのである。

また、体罰も日常茶飯事のようで、韓国国防部の監査結果によると、海兵隊2個師団だけでも、2009年から約2年の間で、暴力によって治療を受けた兵士は1000人近くに達したという。

「軍隊」という組織ゆえ、自衛隊を含む他国軍でも、こうした体罰のような行為がまったくないとは言いきれないだろうが、韓国のそれは、あまりに度が過ぎているようだ。

2011年7月、江華島の海兵隊監視所でいじめに耐えかねた上等兵が銃を乱射する事件が起きた。写真は、韓国海軍の海兵隊員

男性同士の性犯罪が頻発

さらに、韓国軍内では、**男性同士の性犯罪**も多数起きている。

実際、2009年1月～2010年6月までに軍司法当局に提出された韓国国防部の資料では、軍内における男性同士の性犯罪数が71件にも上っているのだ。

これは、週に1件の割合という高頻度であり、宿舎など公共の場所で、長期的に繰り返し行われているケースが多かったという。

しかも、こうした性犯罪のたちの悪いところは、被害者がそのことを訴えたとしても、**加害者の階級のほうが高い場合、処罰されない**傾向が強いということだ。

なお、事件が明るみに出ることを恐れ、被害者が泣き寝入りするケースも少なくないようで、事件の本当の発生件数は、報告の数倍以上と推測されている。

このように、韓国軍内では隊員たちの士気を著しく下げるような悪しき上下関係が現在もはびこっているものの、それに対する決定的な解決策がないのが現状なのだ。

「兵役逃れ」を企てる若者も多い韓国

加えて、韓国軍が抱える問題としては、隊員の自殺が多いことが挙げられる。

韓国国防部が調査した2008~2012年6月までの死亡事故発生現況によれば、軍隊内の自殺将兵数は、なんと計368人を数えた。

これは実に、**4日間に1人が自殺**をしている計算になる。

2009年に構築された「軍自殺予防総合システム」も効果はなく、むしろ韓国軍内の自殺者は、増加傾向にあるのだ。

このように、いじめや体罰、性犯罪が横行し、さらに自殺者まで多い組織には、普通は誰も入りたくないと思うだろう。

しかし、韓国には徴兵制度がある。

よって、いくら嫌でも、基本的に男性は軍隊に入らなければならないのだが、そんな中、「兵役逃れ」を企てる若者も増加している。

二重に国籍を取得して国外へ移住し、兵役の年齢になると韓国籍を放棄する者、あるいは、徴兵検査の問診で人格障害のふりをする者も珍しくないという。

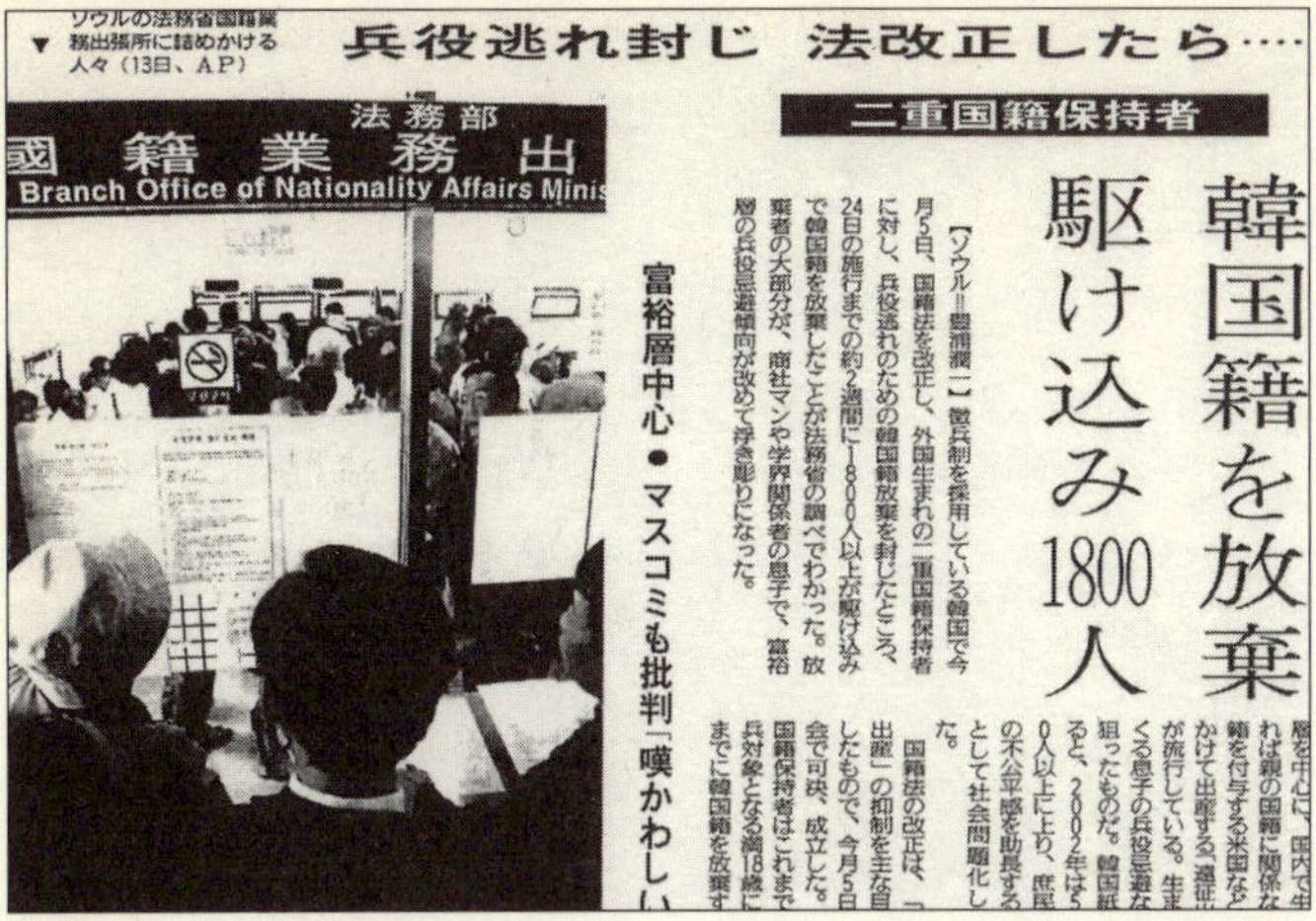

兵役逃れ封じ　法改正したら……

二重国籍保持者

韓国籍を放棄

駆け込み1800人

富裕層中心・マスコミも批判「嘆かわしい

▼ソウルの法務省国籍業務出張所に詰めかける人々（13日、AP）

【ソウル＝豊浦潤一】徴兵制を採用している韓国で今月5日、国籍法を改正し、外国生まれの二重国籍保持者に対し、兵役逃れのための韓国籍放棄を封じたところ、24日の施行までの約2週間に1800人以上が駆け込みで韓国籍を放棄したことが法務省の調べでわかった。放棄者の大部分が、商社マンや学界関係者の息子で、富裕層の兵役忌避傾向が改めて浮き彫りになった。

層を中心に、国内で生
れば親の国籍に関係な
籍を付与する米国など
かけて出産する「遠征
が流行している。生ま
くる息子の兵役忌避な
狙ったものだ。韓国紙
ると、2002年は5
0人以上に上り、庶民
の不公平感を助長する
として社会問題化し
た。

国籍法の改正は、「
出産」の抑制を主な目
したもので、今月5日
会で可決、成立した。
国籍保持者はこれまで
兵対象となる満18歳に
までに韓国籍を放棄す

2005年5月、「兵役逃れ」を防止すべく、韓国では外国生まれの二重国籍保持者を対象に、韓国籍の放棄を封じる法律を制定したところ、施行までの2週間の間に、1800人以上が駆け込みで韓国籍を放棄したことが判明した（画像引用元:「読売新聞」2005年5月26日記事）

また、軍幹部に接触し、金銭で兵役を回避しようとするケースも見られるようだ。

ただ韓国では、明らかな徴兵拒否や忌避が発覚すれば、社会的に認められず、就職など様々な場面で不利益を被るといった側面もある。

このため、**悩みに悩んだあげく、入隊前に自殺してしまう**若者もいるという。

現在、韓国軍では軍内の暴行などを禁止する法的拘束力を盛り込んだ「兵営生活行動綱領」が全隊に通達されている。

だが、暴力で下級兵を押さえこもうとする伝統的な体質の前では、これもあまり効果がないだろうという意見もちらほら聞かれる。

要するに、韓国軍という組織に属す隊員たちは、自軍の中に「敵」が多い状況に置かれていると言っても過言ではないのである。

潜水艦を主戦力とする中国海軍だが海上自衛隊の対潜能力には敵わない？

太平洋戦争では潜水艦対策が不充分だった日本軍

太平洋戦争時、米軍は、偵察及び輸送船撃沈のために多数の潜水艦を投入し、日本へ資源が輸送できないように工作した。

対して、旧日本軍の潜水艦対策は最後まで不十分だった。

そのため、戦争末期には慢性的な資源不足の状態に陥り、戦争を継続することが困難になってしまった。

この事実から分かることは、島国の日本は、潜水艦でシーレーン（海上交通路）を断たれれば、多大な不利益を被ってしまうということである。

そして、旧海軍の敗北を教訓とした海上自衛隊は、対潜水艦能力の向上については、特に力を入れてきた。

その結果、海自は強固な防衛態勢の確立と、一線級の対潜兵器の獲得に成功し、現在では、**世界に誇る対潜能力**を手にしているのだ。

潜水艦部隊が主戦力の中国海軍

近年では、そんな海自の対潜能力を発揮する機会が最も多い相手が、中国海軍である。

秘密のベールに包まれた中国海軍の原子力潜水艦「晋級」と見られる艦艇（水面上に現れている、写真中央の黒い物体）

というのも、中国海軍は水上艦艇の配備が不充分ということもあり、潜水艦を主戦力とする状況が続いているからだ。

中国が持つ潜水艦の総数は約60隻にも上り、また、その中には原子力潜水艦（原潜）も含まれている。

中国の原潜は、現在9隻（10隻以上説もある）が実戦配備されており、中でも弾道ミサイル搭載の原子力潜水艦「晋級」は、情報の大半が非公開の謎に包まれた艦艇として有名だ。

原潜は、原子炉を動力とするため吸気や燃料補給の必要がなく、理論上は、半永久的な潜行活動が可能である（現実的には船体整備や乗員の休養などが必要なため、数ヶ月が限界だとされている）。

こうした中国の潜水艦が、南西諸島沖などを中心に数を増やしており、日本にとっての脅威になりつつあるのだが、それでも、**海自の対潜能力のほうが上**だと言われている。

日本の対潜任務の中心部隊「航空集団」

海自の中でも、対潜任務の中心になるのが、自衛艦隊指揮下の航空部隊「航空集団」である。この部隊に課された任務は、本土周辺のパトロールと監視。司令部のある厚木をはじめ、全国7ヶ所に基地が設けられている。

そんな航空集団が運用している航空機の中でも、中核といえる存在が「P‐3C」という優れた対潜哨戒機である。

海自は2012年の時点でP‐3Cを78機も所有しており、これはアメリカに次ぐ世界第2位の所有数だ。

この数字からも、日本が潜水艦対策に力を入れていることがよく分かるだろう。

そして、海自はこのP‐3C、及び「SH‐60K」や「SH‐60J」といった対潜哨戒ヘリをフル活用して、常に日本近海の海中に目を光らせている。

その密度は極めて濃く、海自の隊員が**「日本の空は、哨戒機で渋滞している」**と語るほどだという。

また、P‐3Cは潜水艦を発見することはもちろんのこと、非常事態においては、潜水艦を攻撃する能力も持つ。

攻撃には、パラシュート投下式の対潜水艦魚雷「Mk46」などが使用され、10キロ圏内の目標であれば、かなりの確率で撃沈することがで

海上自衛隊の哨戒機「P‐3C」。日本の対潜任務の中核を担う航空機である（写真引用元：「海上自衛隊 HP【http://www.mod.go.jp/msdf/】」）

きると言われている。

また、訓練でも哨戒能力の高さはいかんなく発揮されているようで、複数国の海軍が参加する「環太平洋合同演習」（リムパック）においても、海自の哨戒部隊は、幾度も米軍の潜水艦の捕捉に成功するなどして、高い評価を受けているという。

そして実際、２００４年には、石垣島周辺海域において中国原潜が日本領海を侵犯する事件が起きたのだが、この際も、必死で追跡をかわそうとする中国原潜の抵抗も空しく、**海自はその動きを完璧にマークしていた**のだ。

このように、日本の対潜能力は非常に高く、中国をはじめとする外国の潜水艦部隊は、そう簡単には日本の海中に近づくことはできない。

ただし現在、主力のＰ‐３Ｃが老朽化のため年々機数を減らし、その後継機である国産哨戒機「P‐1」の開発が遅れているという問題もある。

今後の対潜能力を減退させないためにも、一刻も早い後継機の完成が望まれるところだ。

海上自衛隊の最新潜水艦

対潜の一方で、海上自衛隊は、自らの潜水艦部隊の強化も忘れてはいない。

そこで最後に、日本の「潜水艦部隊」について触れておこう。

現在、海自には呉（広島県）の第1潜水隊群と横須賀の第2潜水隊群に合計16隻の潜水艦が配備されており、これらを束ねる潜水艦隊司令部は、横須賀に設置されている。


平時の潜水艦部隊の任務は、主に日本周辺海域の監視活動であり、特に、シーレーンの重要地である各海峡では日常的にパトロールが行われている。

つまり、潜水艦部隊の強化も、シーレーン防衛対策につながるということだ。

ただ、日本の潜水艦は、すべてが通常動力型であり、原子力潜水艦は1隻もない。

そして、通常動力型の潜水艦は原子力潜水艦（原潜）に比べ、静粛性に勝るが航続力が劣るという欠点がある。

これを克服したのが、2009年から就役している**「そうりゅう型」潜水艦**だ。

かつて、通常動力型の潜水艦は、機関部を動かすために大気を取り込む必要があり、水中活動は数日程度が限界だった。

海上自衛隊のそうりゅう型潜水艦「そうりゅう」。様々な新技術を駆使して、水中活動を２週間以上まで延ばすことに成功した（写真引用元：「海上自衛隊 HP【http://www.mod.go.jp/msdf/】」）

しかし、そうりゅう型は、「大気独立型推進装置」という画期的なシステムを採用し、さらに、「スターリング機関」というエンジンを搭載することで、**水中活動を２週間以上まで延ばすことに成功した**のである。

なお、攻撃面でも艦内ネットワークを主軸とした「自律分散処理型戦闘システム」によって高度に電子化され、一層効率的な攻撃活動が可能となった。

そして、これらの要素を持つそうりゅう型潜水艦は、**「世界最高峰の通常動力型潜水艦」**として名高いのだ。

そんなそうりゅう型潜水艦は、現在、４隻が就役しているが、２０１３年３月に１隻増え、さらに２０１５～18年まで１隻ずつ、合計５隻が新たに加わることが予定されている。

日本は防空態勢も航空戦の能力も中国・韓国より優れている?

自衛隊の新防空システム「JADGEシステム」

日本にとって警戒すべき脅威の1つが、航空機などを用いて、上空から攻撃されてしまうことだ。

したがって自衛隊は、強固な防空網の構築を目指し、そのためのシステムの整備に力を注いできた。

その結果完成したのが、航空自衛隊の防空指揮管制システムである「自動警戒管制組織」、いわゆる「BADGE(バッジ)システム」だった。

1969年に実用化されたBADGEシステムは、全国28ヶ所に設置されたレーダー基地と指揮所、そして早期警戒管制機(後述)などの航空機で構成されている。

しかしその後、高性能化する航空機やミサイルに対応すべく、データ処理能力や追尾機能の拡充が一層進められた。

そして2009年、BADGEシステムは、弾道ミサイル対処機能と陸自・海自の指揮システムとの互換性を備えた新システムへと改良されたのである。

この新システムこそが**「JADGE(ジャッジ)システム」**だ。

北海道の稚内市に建つ、航空自衛隊第18警戒隊のレーダー基地（©100yen and licensed for reuse under this Creative Commons Licence）

これにより、ますます日本の防空能力は向上し、さらに、陸自・海自とのシステムの統合が進んだことから、全体的な防衛力も増したのである。

そして現在、このＪＡＤＧＥシステムを欺ける可能性があるのは、米空軍だけだろうと言われている。

「空中の司令部」こと早期警戒管制機

一方、「航空戦」では、空自の実力はどれほどのものか。

近年、中国軍と韓国軍はそれぞれ、「Ｊ-11」（ロシア製戦闘機「Ｓｕ-27」のライセンス品）や、「Ｆ-15Ｋ」のような高性能戦闘機を多数配備し始めている。

これらは、単機の性能のみで比べれば、航空自衛隊の「F‐15J」よりも劣るというものではない。

だがそれでも、もし、空自と中国・韓国空軍が戦ったときには、**空自のほうが優勢**だろうと考えられる。

なぜなら、戦闘機を支援する**「早期警戒管制機」の性能の差で、空自のほうが勝っている**ためである。

早期警戒管制機（AWACS）とは、航空戦において、状況に応じた戦闘指揮を行うための航空機で、その役割から、「空中の司令部」とも呼ばれている。

具体的に言うと、早期警戒管制機は、敵機を補足したり、機体上部のレーダーで逐一敵機の行動を監視したうえで、その情報を味方の戦闘機部隊に伝達するという役割を担っているのである。

そして空自は現在、旅客機の「ボーイング767」を改造して作った**「E‐767」**という早期警戒管制機を配備しているのだが、このE‐767の**性能が非常に優れている**のだ。

そんなE‐767は平時においても、全国各地のレーダー基地や「E‐2C」という早期警戒機（AEW：早期警戒管制機より管制能力が低い航空機）と連動して、日本の領空を監視している。

そして、領空侵犯の恐れがある航空機を発見すれば、ただちにスクランブルを要請することになっているのだ。

まさに、E‐767は日本の防空の中心にいると言っても過言ではないのである。

航空自衛隊の早期警戒管制機「E‐767」。機体上部のレーダーを駆使して敵機の行動を監視し、その情報を味方の戦闘機部隊に伝える（写真引用元：「航空自衛隊HP【http://www.mod.go.jp/asdf/】」）

中国空軍・韓国空軍の早期警戒管制機の性能

アメリカの協力のもと、空自がE‐767を運用するようになったのは、2000年のことである。

この当時、早期警戒管制機を所有する国はアジアでは日本だけだった。

しかしその後、ついに中国空軍も早期警戒管制機を空軍に配備することとなった。

日本がアメリカのボーイング社に協力を仰いだように、中国はロシアから「I l‐76」という輸送機を購入し、この機体を母機として、自軍に早期警戒管制機を導入しようと試みたのである。

そして生まれたのが、2006年から配備されている「KJ－2000」である。

このKJ－2000は、2008年の四川大地震の際に災害支援のため出動し、航空機の誘導や無線中継などで貢献するなどの功績もあるが、一方で、妙な噂もささやかれている。

というのも、KJ－2000は当初、イスラエル製の「ファルコンレーダー」という優れたレーダーを搭載する予定だったのだが、アメリカの猛反発により、結局、**イスラエルが技術提供を拒んだ**という背景があるためだ。

このため中国は、ファルコンレーダーのコピー品を自国開発することで、なんとか完成にはこぎつけた。

しかし、配備当初はやはり欠陥が多かったとされ、2006年6月に起きた中国空軍の輸送機の墜落事故も、**実はKJ－2000が落ちたのではないか**という説もあるのだ。

以降は、改良によって性能が大幅に向上したとも言われるが、いまだに故障が相次いでいるという噂も根強く、実際の信頼度は五分五分といったところだろう。

ちなみに、韓国軍は日本と同時期にE－767を購入する計画があったのだが、アジア通貨危機の影響で断念している。

その代わり、E－767より小型の「E－737」の採用を決定し、2012年の秋に運用が始まった。

しかし、小型であればそれだけ装備や燃料を積める量は少なく、また、韓国空軍は空中給油機も持たないため、E－737を保有したからといって、空自と互角に戦えるようになったわけではないのである。

中国空軍の早期警戒管制機「KJ - 2000」（上）と、韓国空軍の早期警戒管制機「E - 737」（下の写真引用元：「KBS World Radio【http://world.kbs.co.kr/japanese/】2011年8月3日記事」）

中国の人口を活かした「人海戦術」はもはや時代遅れ？

世界一の人口と世界一の軍隊員数を誇る中国

中国には、他国と比べ圧倒的に多い、およそ13億人という国民がいる。

そして、この人口を武器に市場を拡大し、経済発展の原動力としてきた。

また、軍においても、やはり中国の隊員数は世界一だ。

陸・海・空軍を合わせると、約230万人にも上り、世界第2位の米軍の約157万人という数字を大きく引き離している。

また、同じアジアではインド軍が約133万人（第3位）を擁しているが、こちらも中国軍には遠く及ばない。

この莫大な隊員数が、中国軍の強みであることは確かだろう。

中華人民共和国建国の父・毛沢東は**「人民の海に敵を葬れ」**という言葉を残した。

この発言は、「圧倒的な兵士の数をもって敵軍を圧倒しなさい」という意味であり、現在でも、中国軍の基本方針として着実に受け継がれている。

このように、大量の隊員数を活かした戦法は、前述の毛沢東の発言から、**「人海戦術」**と呼ばれている。

「中国建国の父」こと毛沢東が建国宣言を行う様子。中国軍伝統の「人海戦術」という言葉は、毛沢東の発言から生まれたと言われている

人海戦術・物量戦の恐さ

人海戦術の基本は、圧倒的な隊員数、及び物量を背景に敵軍を包囲し、自軍の損害を顧みずに戦うことにある。

そして特に、多大な物量を主軸に据えて戦う戦術を**「物量戦」**と呼ぶ。

こうした人海戦術や物量戦の最も恐ろしいところは、防御側が、確実に消耗戦を強いられるところにある。

というのも、大量の敵軍にとめどなく攻撃を受け続ければ、迎撃のために多くの兵力がその場に釘づけにされてしまう。

そして、初めは撃退できていたとしても、時間が経てば、どこかの部隊が突破され、最終的には、数の不利によって敗れてしまうことになるのだ。

　こうした戦術自体は古代から存在し、近代の戦争でも、第二次大戦中のソ連軍が、物量戦法を用いたことは有名だ。

　戦前の大粛清で有能な将校を失ってしまっていたため、当時のソ連軍はドイツ戦車軍団に押されており、敗北は目前だった。

　しかしそんな状態から、ソ連側は軍民一体となった総力戦態勢を敷き、大量の人員・火力・物量を武器に、ドイツ軍を押し戻すことに成功したのである。

　また、中国も、日中戦争時の1940年夏、約40万人もの八路軍（共産党軍）が日本軍を攻め立て、主要鉄道網の多くを破壊するという戦果を挙げている（百団作戦）。

時代遅れの戦術に

　しかし、こうした人海戦術・物量戦が通用していたのはあくまで一昔前までのことで、兵器の性能が格段に進歩した現代では、**戦死者を増やすだけの愚策**とみなされる傾向が強い。

　なぜなら、現代戦では、例えば自軍の隊員が敵軍の2倍いたとしても、航空攻撃や対地ミサイル攻撃などで攻められれば、簡単に無力化されてしまうからだ。

　また、兵器にしても、数があれば良いわけではなく、より高性能なものを適切に保有・運用できていることのほうが重要だ。

　事実、1979年の中越戦争では、戦闘に参加した隊員数では、**圧倒的に中国軍のほうが**

第二次世界大戦の独ソ戦（写真：ソ連軍の海兵隊員）では、当初ドイツ軍に押されていたソ連軍が、最終的には物量戦で勝利した。ただし、戦死者はドイツ軍隊員よりソ連軍隊員のほうがはるかに多い

多かったにもかかわらず、事実上ベトナム軍に惨敗している（ただし中国側も勝利を宣言）。

その大きな要因の1つとして、ベトナム軍の装備のほうが中国軍よりも優れていたことが挙げられる。

このことからも分かるように、やはり現代戦では、隊員数や物量で相手を圧倒することよりも、相手より性能の高い武器や兵器を持ち、使いこなすことのほうが重要だと言えるのだ。

ちなみに、すでに別項（42ページ参照）でも述べたように、仮に中国と日本の間で衝突が起きた場合でも、陸上で戦地となり得る場所は、尖閣諸島などの島嶼部以外は考えられない。

そしてこれらの島々の面積は非常に狭いため、いくら中国軍が大部隊を上陸・駐屯させた人海戦術を行いたくても、物理的に無理なのである。

中国と韓国は国家としての安定感で日本に劣る？

中国の貧困層は爆発寸前？

国と国とが戦争をする場合には、軍隊の強さもむろん重要だが、経済状況や国内情勢など、国家自体が安定していなければ、勝つ確率はどうしても低くなる。

そして現在、中国・韓国という国家は、日本と比べると、**安定感がかなり劣る**のではないかと考えられる。

まず、中国だが、2010年、中国は国内総生産（GDP）で日本を抜き、世界第2位の経済大国となった。

その伸び率も、2012年こそ前年比7・8％増と、13年ぶりに8％を割り込みはしたものの、依然として高いと言える。

だが、中国のGDPは、確かに総額では世界2位なのだが、1人当たりにすると90位（2011年：日本は17位）にまで下がる。

これは、中国の人口が多いためでもあるが、**一部の富裕層が中国経済を支えている**ということでもあり、貧富の格差が極めて激しい。

そして、貧困層を中心に国民が不満を溜め込んでいる中国では、それがいつ爆発して、「アラブの春」のような反政府運動が起きないとも限らないのだ。

中国は経済格差が激しく、貧困層は不満を募らせている。写真は上海の貧困街

チベットやウイグルなど民族問題が多い中国

また、中国国内の不安定さを語る際に外せないのが**民族問題**だ。

特に、チベット族に対する中国政府の弾圧は、国際的にも非難の的となっている。

1949年、国民党政府との内戦に勝利を収めた中国共産党は、かねてから「中国の一部」としてきたチベットに侵攻した。

そして、独立国として国際的な認証を求めていたチベットを武力で制圧し、1979年までの30年間で、なんと**120万人が虐殺された**という説さえある。

そして近年では、チベットの豊富な地下資源にも目を向け始め、都市部の人々が多数流入してチベットの環境を破壊し、さらにチベット人を駆逐・人権侵害するなどという事態になっているのだ。

そんな中国側に対し、チベット人たちの、命を懸けた抗議が続発している。

それが**「焼身自殺」**であり、2009年以降、青海省、甘粛省、四川省などチベット人が暮らす地域で、抗議の焼身自殺を行った人は100人を超えた。

また、中国で起きている民族問題は、何もチベットに限ったものではない。

例えば、2009年7月には、新疆ウイグル自治区のウルムチ市で騒乱事件が起こった。

これに関して、国営通信社の新華社通信は死者192名、負傷者1721名と発表したが、亡命ウイグル人組織「世界ウイグル会議」によれば、**最大3000人が、中国当局や漢民族によって殺害された**と発表している。

こうした民族問題に加え、多くの国と国境を接する中国は、慢性的に領土問題も抱えている。

すなわち、中国は、国内にも対外的にも多くの問題を抱える「内憂外患」の状態にあると言えるのだ。

よってひとたび「何か」が起これば、国内外からバッシングを浴び、反政府デモどころか、内乱や革命が起こる可能性もゼロではない。

そしてこの「何か」には当然、尖閣諸島を巡る、日本との武力衝突も含まれるのである。

ウォン高や電力不足で先行きが暗い韓国経済

一方、2011年の韓国のGDPの総額は世

2009年の「ウイグル騒乱」の後、ウルムチ市の警戒にあたる「中国人民武装警察部隊」（中国内の治安維持などを任務とする準軍事組織）の装甲車。チベット問題やウイグル問題など、中国では民族問題が絶えない

界第15位、1人当たりのGDPは第34位だ。

韓国は、1980年代から90年代にかけて「漢江の奇跡」と呼ばれる経済発展で成長を遂げたが、1997年にはアジア通貨危機で大きな危機に直面した。

しかしその後は、サムスンやLGなどといった企業の大躍進もあって、経済は回復基調にあった。

ただ、韓国経済は貿易依存度が高く、その割合は約96%（日本約27%、中国約40%）に上り、最近のウォン高のため、再び経済破綻の暗雲が立ち込め始めているのだ。

そこへ追い討ちをかけるように起きたのが、**電力不足の問題**である。

韓国では、輸出競争力を強化する目的で、産業用の電気料金は安く設定されている。

このため、多くの韓国の企業は、大いに電気に依存しており、コンテナ運搬用のクレーンやハウス栽培用のボイラーまで、電気式が主流であるといった状況だ。

しかし2011年年9月、そんな韓国で、約162万世帯に影響する大停電が起きた。その範囲は、ソウルや釜山、光州などの大都市だけでなく、地方都市も含まれていた。

さらに、2012年11月には、当時の金滉植首相が、**公共機関の暖房設定温度を18℃以下に制限する**などの対策を発表した。

これは、韓国の原発部品の品質保証書の偽造が発覚し、部品交換のために2基の原子炉を停止せざるを得ず、電力供給能力が低下したことが原因だ。

この電力不足は現在も解消されておらず、韓国経済の先行きは決して明るいとは言えないのである。

初の女性大統領は国民の支持を得られるか？

2012年末、韓国では大統領選が行われ、次期大統領には、初めて女性である朴槿恵氏が選出された。

ただ、女性であるがゆえのリスクもある。韓国は伝統的に男尊女卑の考えが根強いため、朴氏は、男性の大統領であれば受けないような批判にさらされる可能性がある。

しかも、朴氏の得票率は51・55%、対立候補だった文在寅氏は48・02%という僅差であり、世論を二分するような選挙だった。

つまり、韓国では朴氏を支持しない人々も多

2013年2月25日、韓国の大統領に就任した朴槿恵氏。その直前には北朝鮮による核実験が行われるなど対外的な要因もあり、いきなり難しい舵取りを迫られている（©Borovv and licensed for reuse under this Creative Commons Licence）

かったということで、２０１３年2月25日の就任直後から、うまくスタートダッシュが切れるかどうかは未知数である。

さらに、韓国には北朝鮮対策という、頭の痛い問題が常に存在している。

このように、中国・韓国は、共に経済や政治などの状況が不安定であると言える。

むろん、日本も非常に安定してるとは言えないが、中国とは異なり、国内に民族紛争のようなものはない。

そして、２０１２年末には自民党が政権を奪還し、迅速な経済政策などに取り組んだ成果は、早くも株価などに表れ始めている。

このようなことを総合的に考えれば、少なくとも日本は、現状、**中国・韓国よりも安定した国家である**と言えるだろう。

日本はアジアに「味方」が多く 中国はアジアに「敵」が多い？

中国・韓国以外のアジア諸国の日本に対する印象

領土問題や太平洋戦争に関連した問題などが原因で、日中関係・日韓関係は、しばしば冷えこむことがある。

では、この両国以外のアジアの国々は、日本のことをどのように見ているのだろうか。

結論から言えば、**日本は概ね好感を持たれている。**

例えば、2005年における小泉純一郎元首相の靖国神社参拝について、中国と韓国は連日のように猛烈な批判を繰り返した。

ところが、この同年に来日したインドネシアのユドヨノ大統領は、「国家のために尽くした兵士をお参りするのは当然」と、中国・韓国とは正反対の反応を示したのだ。

また、2010年に尖閣諸島近辺で発生した海上保安庁の巡視船と中国漁船の衝突事件の際には、ベトナムやフィリピンで反中デモが起こった。

また、マレーシアの元外務大臣であるガザリー・シャフェー氏は、「今、日本がすべきことは、アジアのリーダーとしてアジアのバランスある発展に貢献することである」などと述べ、最近の日本の弱腰外交について批判し、アジア

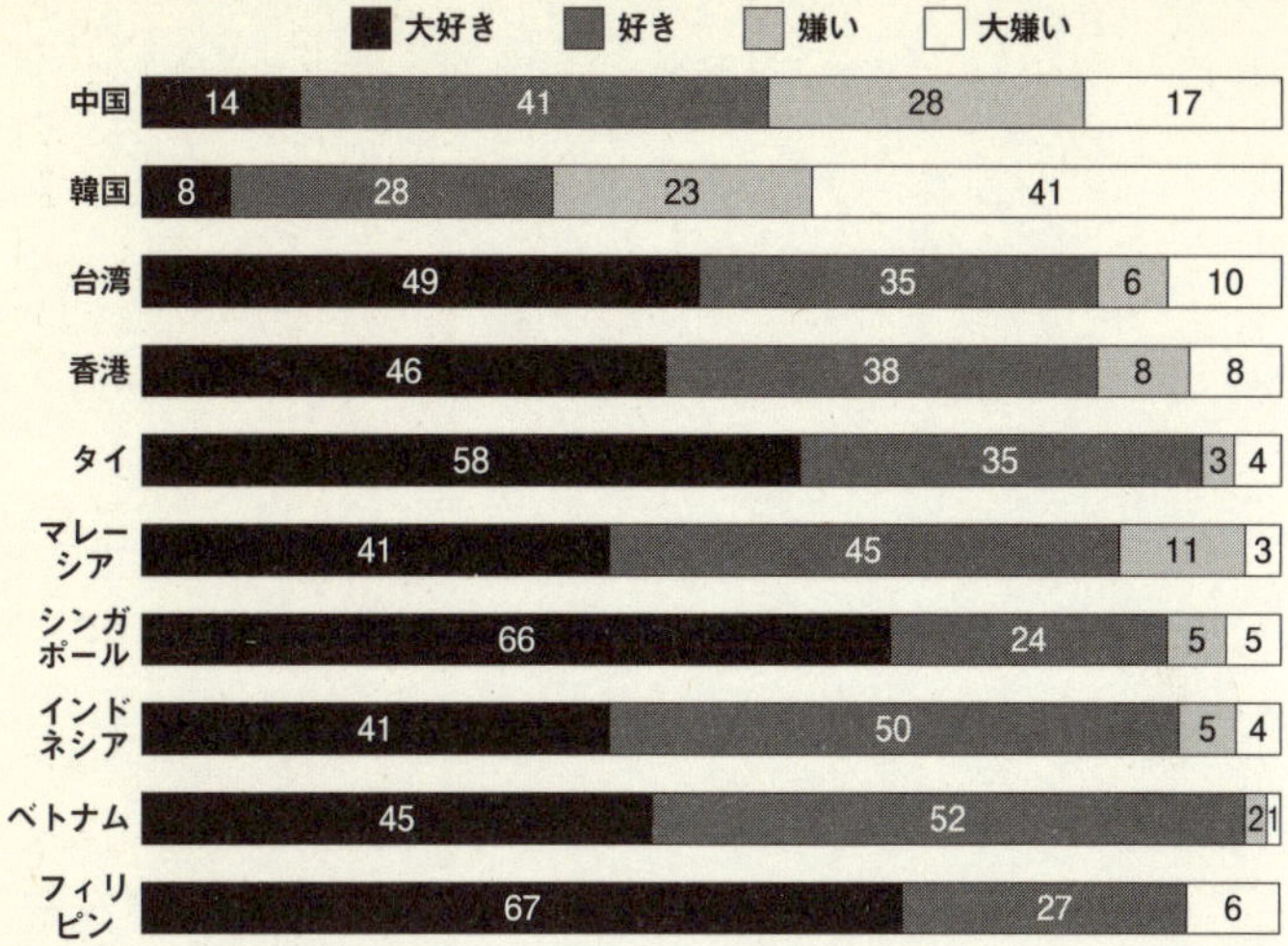

「日本という国が好きですか？」という問いに対する調査（100名×アジア10ヶ国）の結果（資料引用元：アウンコンサルティング株式会社が行った、2012年11月発表の「アジア10ヶ国の親日度調査」）

各国との協力を呼びかけた。

アジアの国々が、日本に対してこのような態度を見せる理由としては、これまで日本が多大な援助を行ってきたという歴史があることが大きい。

それと同時に、近年、これらの国々が中国の脅威にさらされており、**反中国家が多い**ためでもある。

これは言い換えれば、日本が先頭に立って、アジアにおける中国の増長を食い止めてほしいと各国が思っているということだ。

台湾と中国の関係

アジアの反中国家の筆頭と言えば、台湾（中華民国）だ。

台湾は、国際的に「国家」とはみなされていないものの、自治政府を持つ独立した地域だと認識されている。

そんな台湾の人口は約2300万人で、中華民国国軍という名の軍隊も持つ。

そして、台湾と中国の間にはしばしば緊張が走り、実際、1950～70年代にかけては、台湾海峡近辺で中台の武力衝突がたびたび発生していた。

また、1995～1996年には、中国軍が台湾近海を目標とするミサイル演習を繰り返したため緊張が高まり（台湾危機）、これを抑止するため、米軍が空母部隊を派遣するという事件もあった。

こうしたことが起きるのは、中国が台湾の統一及び併合を目論む一方、台湾は現状を維持していきたいと考えているためだ。

現在でこそ、中台の経済交流は活発になりつつあるものの、互いの主張の食い違いは解決されておらず、台湾を軍事統一しようとする中国の意思もいまだに撤廃されていない。

このことは、中国の上陸専門部隊「中国海軍陸戦隊」が配備されているのは、中国海軍の3つの艦隊のうち、**台湾戦が想定された南海艦隊だけ**だということからもうかがえる。

一方、日本と台湾の関係だが、尖閣諸島に関しては台湾も領有権を主張しているため、この件については日本と対立状態にある。

ただし、基本的には台湾はとても親日的で、例えば、東日本大震災のときは、台湾の迅速かつ熱烈な支援に、日本は大いに助けられた。

また、日台間の経済的交流も活発であり、

現在の台湾総統・馬英九氏（写真）は親中派だと言われるが、それでも「台中統一」は行わないと表明している（©jamiweb and licensed for reuse under this Creative Commons Licence）

2007年から走っている台湾新幹線は、日本の新幹線技術が海外に導入された初めてのケースである。

西沙・南沙諸島問題で東南アジア諸国と対立する中国

2010年9月、南シナ海の西沙諸島で操業していたベトナム籍の漁船が中国の監視船に拿捕され、その後約1ヶ月もの間、拘束されるという事件が起きた。

こうした事態は、南方の海域では珍しくなくなりつつある。

日本が尖閣諸島問題で中国と対立しているように、南シナ海の西沙・南沙諸島では、フィリピンやベトナムなどの国々が領有権を巡って中国と対抗姿勢を強めているのだ。

しかも、状況は尖閣諸島よりも深刻であると言える。なぜなら、**この地域の島々の多くが中国によって占拠されているから**だ。

もともとこの周辺は、埋蔵資源を求める複数の国々が領有権を主張するという複雑な地域だった。

そんな中、中国は西沙・南沙諸島全域の領有権を主張し、漁民を装った工作員を島や岩礁に上陸させるなどの手段を用いて、実効支配と軍事基地化を推し進めてきたのだ。

そんな中国に対し、フィリピンをはじめとする周辺各国は、当然ながら反発を強めた。

とはいえ、中国に対抗できるほどの国力を持つ国はなく、結局、2010年の東南アジア諸国連合（ASEAN）首脳会議の場で、ベトナムが米・露に対し、アジアの安全保障に介入することを強く求めた。

しかし、中国はアメリカの介入を強くけん制し、その後、南シナ海における軍事演習を活発化させている。

こうした中国の横暴に対し、2013年1月、ついにフィリピンが領土紛争問題について、国連の国際裁判所へ提訴を行った。

これについては、今後の動きが注目されるところである。

今後もアジア諸国と良好な関係を築ける外交を期待

このように、領土的野心を隠そうともしない中国に対してアジア各国は反感を抱いており、同時に、日本のリーダーシップを期待している節もある。

南沙諸島の「永暑礁」に建つ中国海軍の基地。中国は、もともとはサンゴ礁だったこの地を人工島に改造して基地を造った（写真引用元：「『中国の戦争』に日本は絶対巻き込まれる」）

よって、これらの国々は、もし、日本と中国間で有事が起きた場合、**日本の味方となってくれる可能性が高い**のである。

また、２０１２年末に発足した第２次安倍内閣は、東南アジア各国との関係強化を重視し、総理就任後の初外遊についても、ベトナム、タイ、インドネシアを選んだ。

ただその一方で、中国もアジア諸国の「囲い込み」を進めているのには注意が必要だ。

例えば、中国国境沿いのネパールでは中国政府による圧力が強められ、また、中国軍とタイ軍による合同軍事演習もこれまで何度か行われている。

そんな中国の動きに負けないよう、日本政府には、アジアの多くの国々が、今後も日本の味方でいてくれるような外交に期待したい。

陸軍国の中国・韓国が海の守りが堅い日本を侵略するのは不可能?

本土を侵略されたことが1回もない日本

1945年、最終局面を迎えた太平洋戦争で、米軍は日本本土への侵攻作戦を立てる。

これは、「ダウンフォール作戦」と呼ばれるもので、南九州への上陸を目標とした「オリンピック作戦」と、九十九里浜及び相模湾への同時上陸を狙った「コロネット作戦」から成るものだった。

これらの作戦の実行前に日本がポツダム宣言を受諾したため、米軍が日本本土へ上陸することはなかったものの、実は、オリンピック作戦の投入兵力は約65万人、コロネット作戦においては約110万人という大規模な軍が予定されていたと言われている。

そしてこれは、それだけの兵力を投入しなければ、日本本土への上陸は難しいと米軍が考えていたと言い換えることもできる。

これはおそらく、日本が、外敵の上陸を阻止する能力に長けていることを警戒していたためであろう。

実際、沖縄戦などの離島戦を除き、日本本土は、**1回も外国軍からまともに上陸、侵略されたことはない**のである。

ちなみに、鎌倉時代の「元寇」(文永の役・

射撃訓練を行う海上自衛隊員。海の守りが堅い日本はこれまで外国軍から本土を侵略されたことはない（写真引用元：「海上自衛隊 HP【http://www.mod.go.jp/msdf/】」）

弘安の役）の際も、博多湾に上陸してきた元軍を、すぐに日本は破っている。

旧帝国海軍の伝統と強さを受け継ぐ海上自衛隊

その理由として挙げられるのは、日本は周囲を海に囲まれた島国だということだ。

よって例えば、陸上の国境を越え、敵の大軍から攻め込まれてしまうという状況は地理的にあり得ない。

すなわち、外国軍が日本本土への大規模な上陸・侵略作戦を企てる場合には、確実に主力は艦隊になる。

これは、いくら航空機の輸送能力が高まっているとはいえ、船舶の比ではないからだ。兵士はもちろんのこと、兵器や物資の輸送も艦船で行われる可能性が大である。

このような場合、洋上で敵の艦隊を迎え撃つ役割を担うのが海上自衛隊であるが、実は海自には、**実戦のノウハウが多く蓄積されている。**

といっても、もちろん実戦経験があるわけではなく、海自には、帝国海軍時代から続く伝統があるためだ。

海自の前身は、1952年に創設された「海上警備隊」だが、この組織の創設に深く関わったのが、野村吉三郎元海軍大将だった。

そんな海上警備隊は、約6000人の隊員を率いる幹部や下士官のほぼ全員が旧海軍の軍人であり、また、港湾施設なども、海軍時代のものをそのまま引き継ぐことになった。

ちなみに、陸上自衛隊の前身はアメリカ主導の「警察予備隊」で、帝国陸軍時代の将校は排除されている。

また、旧日本軍時代には独立した空軍がなかったため、航空自衛隊には、引き継ぐ伝統自体が存在しない。

しかし海自は日清戦争時代からの伝統を今に受け継ぎ、2002年の海上自衛隊創設50周年式典では、当時の石川亨海上幕僚長が**「我々は、今後とも海軍の良き伝統を、日本の財産として堂々と継承してまいります」**という式辞を述べている。

帝国海軍は非常に強く、一時はアメリカ、イギリスと共に「世界3大海軍」と言われるほどの実力を誇っていた。

そして、この強さは海自にも受け継がれ、例えば、別項（112ページ参照）でも記しているように、対潜水艦戦には特に力を入れている。

旧海軍の伝統を色濃く受け継ぐ海上自衛隊は、「自衛艦旗」についても、旧海軍の「軍艦旗」のデザインを受け継いでいる

伝統的な陸軍国である中国と韓国

このように、伝統的に海軍（海自）が強い日本に比べ、中国軍・韓国軍は伝統的な陸軍国である。

特に、韓国軍に関しては、陸・海・空軍の隊員のうち、全兵力の80％強が陸軍と、大きく偏っている。

これは、韓国が最大の脅威である北朝鮮と地続きで、場合によっては大規模な陸上戦が起きる可能性があるためだ。

しかし、本気で日本を侵略しようとすれば、海軍力が重要なのはこれまで説明してきた通りであり、よって、この両国が日本の本土へ上陸することはまず不可能だと考えられるのである。

日中間で有事が起きた場合には米軍が積極的に自衛隊を支援する？

日本と中国が戦ってもアメリカは日本を支援しない？

日本とアメリカが、「日米安全保障（日米安保）条約」に基づき、軍事同盟を結んでいることはご存じの通りだ。

この条約を背景に、日本には約130ヶ所の米軍基地や関連施設が置かれ、自衛隊も米軍による援軍を前提とした部隊配備を進めてきた。

だが近年は、もしも中国と日本の間で有事が起きた場合でも、**米軍は積極的に日本を支援しないのではないか**という見方があった。

これは、アメリカにとって中国が重要なマーケットであることや、中国がアメリカ国債を世界一多く保有していることなどが理由である。

国務長官も米上院議会も認めた「尖閣は安保条約の適用範囲内」

ところが、2010年に行われた日米外相会談の共同記者会見の場で、アメリカ国務長官のヒラリー・クリントン氏が、「尖閣諸島は、（米国の対日防衛義務を定めた）日米安保条約第5条の適用範囲内である」という見解を示した。

また、2013年の外相会談でも、クリントン氏は「日本の施政権を一方的に侵害しようとするいかなる行為にも反対する」という声明を

もしも日中間で有事が起きた場合でも、米軍は積極的に日本を支援しないのではないかという懸念もあるが、近年では、アメリカ国務長官だったヒラリー・クリントン氏（写真は2009年撮影のもの。左は当時の外務大臣・岡田克也氏）が、「尖閣諸島は日米安保条約の適応範囲内」という趣旨の発言をするなど、日米一体の尖閣防衛に前向きな傾向が見られる

発表した。

さらに、クリントン氏の後任のジョン・ケリー国務長官も、尖閣諸島は安保の適用対象であるという、クリントン氏の見解を踏襲している。

一方、２０１２年末にはアメリカ議会上院も、尖閣諸島を「安保条約の範囲内」と認め、防衛義務を定めた国防権限法案を可決した。

これにより、尖閣諸島で日中有事が勃発した場合に、米軍の参戦をアメリカ議会が否決する可能性はかなり下がった。

つまり、**日米一体の尖閣防衛がより現実味を増した**ということで、そうなれば、中国もそう簡単に尖閣諸島に手出しはできず、仮に中国軍の上陸などがあった場合などについても、奪還できる可能性が向上する。

しかし、前述のように中国と積極的に対立したくないアメリカが、なぜこうした方向転換を行うことになったのか。

その裏には、中国軍の海洋戦略への警戒心が隠されているのだ。

尖閣諸島の防衛はアメリカにもメリットがある

現在、中国は、アジアと太平洋上に2本の線を引いて、軍事戦略を立てている。

1本目が、ボルネオ島から始まりフィリピン、台湾、沖縄、九州をつないだ「第1列島線」と呼ばれるライン。2本目が、パプアニューギニアから伊豆諸島までに引かれた「第2列島線」と呼ばれるラインである。

中国は、**これらの列島線を突破してアジアと太平洋の支配権を握ろうとしている**のだ。


一方、この戦略が現実のものとなった場合、アメリカは多大な不利益を被ってしまう。

まず、中国が第1列島線を突破すれば、極東におけるアメリカの利権が失われ、さらに、第2列島線まで突破してしまえば、**ハワイ諸島や西海岸までもが直接的な脅威にさらされる**ことにもつながりかねない。

そして、この中国の野望を阻止するために重要な地域が、尖閣諸島なのである。

というのも、尖閣諸島は、沖縄本島から約410キロの地点に位置し、台湾とも約170キロしか離れていない島々だ。

よって、仮に尖閣が中国の手に落ち、軍事基地が建設されるなどすれば、東シナ海での制海権と航空優勢が中国軍有利に傾きかねず、沖縄の在日米軍にとっても脅威となる。

中国が軍事的戦略として引いているライン「第１列島線」と「第２列島線」

さらにこのことは、日・台・韓のシーレーン（海上交通路）を中国が牛耳ることにもつながり、第1列島線の突破へ大きく前進することとなる。

そして当然、アメリカもそんな事態は避けたいと考えている。だからこそ、最近のアメリカは尖閣諸島の防衛について前向きなのだ。

実際には、これ以外にも、仮に日中有事で米軍が動かなければ、他のアメリカの同盟国が不信がるだろうという懸念や、中国の脅威を世界に宣伝するためだという見方もある。

ただいずれにせよ、尖閣諸島の防衛はアメリカの国益にもかなうものになってきているということだ。

このため、日中間で有事が起きた際、米軍が自衛隊を積極的に支援してくれる可能性は非常に高くなっているのである。

中国と韓国も自衛隊の強さは認めている？

中国・韓国は自衛隊をどのように評価しているのか

別項（76ページ参照）でも説明している通り、災害派遣や復興支援について、自衛隊は海外から高く評価されている。

当然、このような人道的な評価も大切だが、自衛隊が国防を担う「実力組織」である以上、軍事力に対する評価についても重要なのは言うまでもない。

そして、中でもやはり気になるのは、中国と韓国からの評価である。

2012年6月、中国のシンクタンク「中国戦略文化促進会」は、「2011年の日本軍事力評価報告」と題したレポートを発表した。

そこでは、自衛隊について**「名称はともかく、アジアで最も強力な正規軍の1つだ」**という評価を下している。

この中国戦略文化促進会とは、2011年1月に組織された「民間団体」ということになっている。

とはいえ、会長は、中国人民政治協商会議の副主席・鄭万通氏が務めていたり、また、レポートを記者発表した常務副会長兼秘書長である羅援氏は中国軍の少将であったりするなど、単なる民間団体という様子ではない。

中国のシンクタンク「中国戦略文化促進会」が、日本とアメリカの軍事力などについて発表する様子（写真引用元：「チャイナネット【http://japanese.china.org.cn/】2012年6月7日記事」）

つまり、中国共産党や中国軍とのつながりが深そうな団体から、自衛隊は「アジアで最も強力」という評価を受けているということだ。

また、中国国務院直属の「中国国際出版グループ」が運営するオンラインニュース「チャイナネット」は、２０１１年９月に、「海上自衛隊が、軍事力を高めてきた」という記事を配信した。

具体的には、**「海上自衛隊は、今や米海軍を除いてアジア最大の海上防衛力を備えるまでになった」**としており、防衛範囲の拡大、及び装備の充実に言及し、また、作戦能力については、「専守防衛の範囲をはるかに超えた」と警戒している。

さらに、人民日報系の「環球時報電子版」に掲載された２０１２年７月17日付の記事によると、元中国海軍少将・鄭明氏が、海上保安庁を

「軍に準じる部隊」として、大型船舶の保有や、行き届いた訓練について論じている。

そして、中国の海軍力については**「日本を上回るとは言い切れない」**と述べている。

一方、韓国はというと、2006年6月、当時の盧武鉉大統領が以下のような発言を残している。

「日本は我々より優れた戦力を保有しているが、我々は少なくとも日本が我々を挑発できない程度の国防力は持っている」

「我々が日本に勝てる国防力を保有する必要はないが、相手が挑発してきた際に『利益よりは損失の方が大きいだろう』と思わせる程度の防御的対応能力を備えることが重要だ」

この発言から、少なくとも2006年当時の韓国では、**韓国軍は自衛隊よりも軍事力で劣っているという認識があった**ことがうかがえる。

このように、基本的には中国も韓国も自国軍が自衛隊に勝てるとは思っていないようだが、その割には、両国共、日本に対する挑発的な行為が目立つ。

2012年8月に、当時の韓国大統領・李明博氏が竹島に上陸したことなどは、その好例だと言えるだろう。

このことは、中国と韓国は自衛隊は侮っていないが、**日本政府を侮っている**とも受け取れるのだ。

強い自衛隊と弱い政府

中国と韓国は、日本に対する敵愾心を煽ることで、国民の不満を発散させてきたという歴史

2012年８月10日、韓国大統領としては初めて竹島に上陸した李明博氏。さらに李氏は、その４日後に、天皇陛下の韓国訪問の条件について、「『痛惜の念』などという単語１つを言いに来るのなら、訪韓する必要はない」という趣旨の発言をして、物議をかもした（©hojusaram and licensed for reuse under this Creative Commons Licence）

がある。

これは今まで、どれだけ両国が挑発的な行動に出ようとも、日本政府が穏便に済まそうとしてきたためであるとも言える。

つまり、自衛隊が強くとも、自衛隊を運用する政府が弱腰なので、中国と韓国から挑発を受けやすかったという見方もできるのだ。

しかし、ご存じの通り、２０１２年末の総選挙で自民党が与党に返り咲き、憲法改正や自衛隊の国防軍化に意欲を燃やす安倍晋三氏が日本の総理大臣に就任した。

実際、２０１３年度の予算案で防衛費を11年ぶりに増やすなど、安倍内閣は、安全保障の強化へ向けて着々と動き始めている。

そしてこのことが、中国・韓国に対する抑止力の強化につながることを期待したい。

もし本当に「尖閣有事」が起きた場合自衛隊は中国軍とどう戦う？ その①突発的な軍事衝突

中国海軍レーダー照射事件

いくら日中間の緊張が高まっているとはいえ、さすがに自衛隊と中国軍の間で軍事衝突が起こることはないだろうという見方が大勢を占める。

実際、両国が全面戦争になるようなケースは、まず考えられない。

ただし、尖閣諸島の領有権を巡り、自衛隊と中国軍が戦う**「尖閣有事」**については、可能性はゼロではないと言える。

中でも、最もあり得るケースが、尖閣諸島付近の海域における、日中間の**突発的な軍事衝突**である。

2013年1月30日、尖閣諸島の近海に出没した中国海軍のフリゲート艦「江衛Ⅱ型」が、海上自衛隊の護衛艦「ゆうだち」に対し、レーダー照射を仕掛けるという事件が起きた。

このとき照射されたのは、「射撃管制用レーダー」と呼ばれ、照準を合わせて敵をロックオン（捕捉）するためのものである。

つまり、江衛Ⅱ型はゆうだちに対し、**即座に攻撃を開始できる状態**だったということだ。

このときは衝突までには至らなかったものの、射撃管制用レーダーの照射という行為自体

海上自衛隊の護衛艦「ゆうだち」（次ページ写真参照）に対し、射撃管制用レーダーを照射したとされる中国海軍のフリゲート艦「江衛Ⅱ型」。なお、実際にレーダー照射を行った艦艇は「連雲港」だが、写真は同型艦の「嘉興」（©SteKrueBe and licensed for reuse under this Creative Commons Licence）

が、領海侵犯どころの騒ぎではない、極めて悪質な挑発行為だと言える。

この件について、当然ながら日本政府は中国政府に対して抗議を行ったが、当初、中国政府は中国軍のレーダー照射について認知していないと発表した。

さらにその後、射撃管制用レーダー照射そのものについても「なかった」と否定し、「日本側の捏造」とまで主張してきた。

これに対し、日本政府はレーダーの照射があった証拠を開示することも検討したが、結局、「海上自衛隊の手の内を見せることにつながる」と判断し、開示は見送られることとなったのである。

ただ、いずれにせよ問題なのは、中国政府が、本当にレーダー照射を知らなかった可能性があるということだ。

つまり、**現場にいた中国海軍隊員の暴走により、レーダーが照射された**かもしれないのである。

よって今後も、こうした現場の独断で、日中間の衝突が起きる可能性は否定できないのだ。

そこでここでは、仮に、ゆうだちがレーダー照射を受けただけでなく、攻撃までされていたらどうなっていたかについてシミュレートしていきたい。

レーダー照射のみならず実際に砲撃を受けたらどうなる?

事件の日、江衛Ⅱ型とゆうだちの距離は約3キロメートルしかなく、お互いに目視できるほどにまで迫っていた。

ここで、江衛Ⅱ型がレーダーを照射し、実際に砲撃を開始する。

そして、至近距離から放たれた砲弾は、ゆうだちに命中。先制攻撃を受けたゆうだちは兵装の一部を破壊され、まともな反撃もできず、撤退を余儀なくされてしまう。

そして沈没こそ免れたものの、艦艇は大破し、**多数の負傷者を出して本土へ帰還**することとなる。

事件の直後、当然ながら日本政府は中国政府に対し猛抗議を行い、さらに、攻撃を受けていることから、総理大臣も「防衛出動」(事実上の自衛隊の軍事行動：174ページ参照)を決意し、出動命令を受けた自衛隊は、呉や沖縄に護衛艦隊を集結させる。

これに対し、中国も東海艦隊や北海艦隊に出

海上自衛隊の護衛艦「ゆうだち」（写真引用元：「第３護衛隊群 HP【http://www.mod.go.jp/msdf/ccf3/index.html】」）

撃命令を出すこととなる。

ただし、ここで重要なのは、江衛Ⅱ型がゆうだちを攻撃したのは現場の独断であり、**中国政府としては戦争を望んでいない**ということだ。

そのため、中国は軍を出撃させたとしても積極的な戦闘は行わず、基本的には、中国海軍と海自のにらみ合いに終始することとなる。

そしてここで、アメリカが仲裁に入ることにより、両国は戦闘を中断し、戦いの場は政府同士の交渉へ移る。

軍事衝突が起きたきっかけは中国軍が作っているため、中国は国際的な非難を受けるだろうが、それでも中国は、その後も尖閣諸島の領有を諦めはしまい。

このため、日中間の新たな突発的衝突が、再びいつ起こるともしれないのである。

もし本当に「尖閣有事」が起きた場合自衛隊は中国軍とどう戦う?

その② 尖閣諸島奪還作戦

民間人の救出を装い尖閣諸島を占拠した中国軍

前項では、自衛隊と中国軍の間で、突発的な軍事衝突が起きた場合の状況をシミュレートしてみた。

続いて、この項では一歩進んで、もし中国軍が尖閣諸島を占拠してしまったら、**自衛隊は島をいかに奪還するのか**についてシミュレートしてみたい。

このような状況になる発端として考えられるのが、中国軍が、**民間人の救出活動に偽装して、尖閣諸島を占有してしまう**というパターンである。

というのも、中国は現在、南シナ海の西沙・南沙諸島の島々の多くを実効支配しているが、これは、以下のような手口を使った結果によるものなのだ。

まず、民間の漁船の乗組員などを装った工作員をわざと島に漂着させ、中国政府は、彼らを救助するという名目で軍を送り込む。

ところが、漂流者の救助後も軍は撤退することなく基地を建設するなどして、実効支配を固めていったのである。

これはもはや見えすいたやり方ではあるが、尖閣諸島の場合も、明白な攻撃などがあるなら

東シナ海南西部に浮かぶ尖閣諸島（左端の島が最大の魚釣島）。この島を、中国軍が占拠してしまったらその後どうなるのか（©BehBeh and licensed for reuse under this Creative Commons Licence）

まだしも、漂流者の救助活動という建前がある限り、ハードルが高い「防衛出動」を総理大臣がすぐさま命じることは難しい。

そして、西沙・南沙諸島の例のように居座り続ける中国に対して、日本政府は外交的に抗議を行いつつも、中国政府はのらりくらりとこれをかわす。

そして、中国軍の尖閣への上陸を「侵略行為」と取るか否かで、日本の国会は大いに荒れることとなる。

このように国会が議論している間に、海上保安庁の巡視船が中国軍から監視妨害を受ける、あるいは、尖閣諸島最大の面積を持つ魚釣島などが要塞化され始める。

ここで総理大臣はやっと重い腰を上げ、防衛出動を決断しようとする。

だが、野党の猛反対などが起き、簡単には国会で防衛出動の承認はされない。場合によっては、与党の慎重派議員から反対者が出る可能性もある。

そうこうしているうちに、中国海軍のフリゲート艦と海上保安庁の巡視船との間で銃撃戦が起こり、このとき、海保職員に負傷者が出てしまう。

ここまでくれば、さすがに世論も本格的に沸騰する。

そして国会もようやく腹を決め、防衛出動を承認し、総理大臣の命令が防衛大臣へと下される。

ここからついに、尖閣諸島を占拠した中国軍から、**自衛隊が島を奪還するための作戦が始まる**のである。

まずは空自と海自が航空優勢と制海権を確保する

自衛隊は、まず空と海から動き出す。

尖閣諸島周辺の航空優勢の確保を目的に、那覇基地や築城基地（福岡県）から出撃した航空自衛隊の戦闘機「F‐15J」が、中国本土から出撃した「J‐11」と航空戦を行う。

J‐11は中国軍最強の戦闘機とうたわれ、性能的にもF‐15Jに匹敵する。

しかし、航空隊を支援する早期警戒管制機の性能や機数という点で、自衛隊は中国軍よりも勝っている。

よって、戦闘機同士の航空戦は、**自衛隊が勝利するか、かなり優勢に近い痛み分け**という結果で終わる。

空自の戦闘機「F - 2」。中国艦隊を攻撃するにあたっては、「F - 15J」よりも対艦攻撃性能に関して優れているこの戦闘機が用いられるだろう（写真引用元：「航空自衛隊 HP【http://www.mod.go.jp/asdf/】」）

こうして航空優勢の確保が完了したら、続いて、海上自衛隊の佐世保基地から第2護衛艦隊が、そして築城基地の第6飛行隊が尖閣諸島に向けて出撃する。

なお、中国初の空母「遼寧」の動きが気になるところだが、艦載機の整備及び護衛艦艇の配備・編成がまだ済んでいないこと、そして、基本的に遼寧そのものが「実験艦」であることから、実戦に投入される可能性は低い。

さて、中国の海上戦力は、東海艦隊（もしくは北海艦隊）の水上艦艇と潜水艦が中心となると考えられる。

一方、早期警戒管制機の誘導で中国艦隊を補足した自衛隊は、手始めに、戦闘機「F - 2」による対艦ミサイル飽和攻撃（防御側の処理能力の限界を超えた量の攻撃）を仕掛ける。

中国艦隊には「蘭州級駆逐艦」など、対空能力に優れた艦艇も少なくないが、それでもやはり性能面やデータリンク能力では自衛隊に及ばず、かなりの艦艇が被害を受ける。

また、こうした空からの対艦攻撃を行っても中国艦隊が撤退しなければ、第2護衛艦隊の艦艇が艦対艦誘導弾「SSM-1B」を発射して中国の**残存艦艇を撃沈**する。

一方、中国海軍の潜水艦は、対潜哨戒機「P-3C」、及び各所で警戒行動にあたる潜水艦隊によって排除される。

さらに、残った中国潜水艦も海自の対潜能力を警戒して、かなりの行動制限を受けることになる。

このような流れで、まずは**自衛隊が航空優勢と制海権を手中に収める**のである。

米軍の力を借りて尖閣諸島へ上陸・奪還

続いて、尖閣諸島への上陸へと乗り出すのだが、これについては、自衛隊が単独で行うことは非常に難しい。

というのも、魚釣島は中国により要塞化されており、すでに対艦・対空ミサイルなども持ち込まれている。

このため、基地攻撃能力に乏しい自衛隊の力だけでは、相当な被害を覚悟しなくてはならなくなるのだ。

だが、同盟国・アメリカの支援があれば話は別である。

したがって、島へ向けての攻撃は、米軍に一任されることになるだろう。

島を奪還するためには、米軍の攻撃力が必要になることが予想される。写真は米軍との合同訓練で、米軍の海兵隊員と共に上陸する陸上自衛隊の隊員（写真引用元：「平成 24 年版 日本の防衛 防衛白書」）

具体的には、グアム基地から飛び立った米空軍の戦略爆撃機「Ｂ‐２」などによる尖閣諸島への攻撃で、中国軍の要塞を無力化する。

そして、ここからいよいよ、陸上自衛隊の離島防衛専門部隊である西部方面普通科連隊（西普連：61ページ参照）の上陸作戦が始まる。

夜間や明け方を狙って密かに上陸した同部隊は、まず敵情視察と上陸地点の確保を行い、後続部隊到着までの優位を確立する。

陸自隊員の上陸に対しては、中国の守備隊も善戦はするだろうが、制海権と航空優勢を奪われている状態なので、長時間の防衛は不可能である。

その後、米軍の攻撃ヘリコプター「アパッチ」や、Ｆ‐２戦闘機からの対地支援を受けつつ、島内の中国軍隊員を投降させ、**尖閣諸島の奪還**

作戦は成功する。

なお、作戦期間は短ければ2週間程度、最長でも1ヶ月あれば終了する見込みである。

尖閣諸島奪還後の外交交渉

こうして、尖閣諸島が無事奪還された後、日本と中国の間では、どのような外交交渉が行われるだろうか。

それについては、まず、中国が「国家」として敗北を認めるか否かが、大きな争点となるだろう。

なぜなら、中国が敗北を認めれば、それがそのまま共産党の威信低下につながり、民衆の不満が爆発しかねないからだ。

そのため、例えば、「尖閣諸島での出来事は軍が勝手に暴走しただけで、奪還されたからといって中国という国家が日本に敗れたわけではない」などといった理屈をこねてくるかもしれない。

しかしそれでも、中国軍の軍事力が自衛隊に敗北したことには変わりない。よって、交渉は基本的には日本の有利に進む。

ただし、市場として中国を重視している日本企業も多いため、おそらく、政府もあまり強気な要求はできない。

そのため、「尖閣諸島は日本の領土」だと、中国にはっきり認めさせられればよしという程度になるだろう。

なお、ここで気になるのが、**アメリカの動向**である。

尖閣諸島の奪還にあたって、自衛隊は米軍の

アメリカ合衆国大統領のバラク・オバマ氏。もし、尖閣諸島の奪還について米軍の力を借りれば、その後の外交交渉について、アメリカが積極的に干渉を行ってくる可能性がある

攻撃力を借りた。

したがって、戦闘への参加を理由に、アメリカが日中交渉へ横槍を入れてくることは充分考えられる。

なぜならアメリカは、自国が持つ極東及び太平洋の利権を守るため、中国がアジアを牛耳ることは阻止しておきたいと考えている。

そして、尖閣諸島における日本の勝利は、これ以上の中国の台頭にブレーキをかける絶好の機会だからだ。

したがって、アメリカは当事国である日本よりもさらに積極的に、中国に対して様々な要求を突きつけるかもしれない。

場合によっては、日中間の戦後交渉が、いつの間にか**米中間の熾烈な外交交渉にすり替わっていた**という展開さえ考えられるのである。

防衛省

第3章 日本と自衛隊が抱える課題

自衛隊が「戦力」でも「軍」でもないため存在する制限や問題とは？

自衛隊の存在は「合憲」か？

日本国憲法の第9条には、「戦争の放棄」や「戦力の不保持」などがうたわれている。

しかし、自衛隊は戦車や戦闘機を保有する、言わば「武装組織」だ。

よって、戦力の不保持を明言している以上、自衛隊の存在は「違憲」になってしまうのではないか。

確かに、憲法の第9条は戦争や戦力の保持を否定しているが、それとは別に「自衛権」という、国家が合理的に保有できる権利がある。


すなわち、日本が独立国である以上、国土や国民を外敵の侵略から守る権利は、当然認められなければならないということだ。

したがって、侵略行為に対する防衛戦闘については憲法でも放棄されておらず、また、他国からの攻撃を阻止するための戦力に留まっていれば、兵器を所持することも、それを行使することも許される――。

以上が、日本政府の見解の概要である。

つまり、自衛隊は自衛権の行使のために必要な「防衛組織」で、憲法違反ではないというわけだ。

ただし、自衛隊が違憲か合憲かについて、**最**

砲撃を行う陸上自衛隊の90式戦車。こうした「戦力」を保有している自衛隊の存在は「違憲」ではないのかという議論は今もある（©refeia and licensed for reuse under this Creative Commons Licence）

高裁判所は、はっきりとした判断を行っていない。

これは、自衛隊問題は極めて政治性が高いものであるため、国民から直接選任されていない裁判所が行うべきではなく、国民の代表機関である国会と、それに基づく内閣の判断に委ねられるべきだという考えがあるためだ。

「武器輸出三原則」

このように、自衛隊の存在は否定されてはいないのだが、憲法で「戦力の不保持」がうたわれている以上、様々な制限や問題がある。

例えば、別項でも書いたように、攻撃用兵器が所持できないため、敵基地攻撃のための能力が不足していることなどもそうだが、**武器を外**

国に輸出することが基本的にできないことも、制限の1つとして挙げられる。

これは、1967年4月に開かれた衆議院決算委員会において、政府が国産兵器の輸出についての政策を発表し、以下の内容に該当する場合、武器の輸出を承認しないことを表明しているからだ。

その内容というのが、「共産国家への武器の輸出」「国連が武器禁輸としている国家への武器の輸出」「国際紛争の当事国か紛争勃発の恐れがある国への武器の輸出」である。

これがいわゆる**「武器輸出三原則」**だ。

さらに、その後はほぼすべての国家へ対する武器輸出が禁止され、日本の兵器が外国に渡ることは事実上なくなった。

ただし、これはあくまで政策であり、法律で規定されているわけでない。

このように「武器を輸出しない」と言うと結構なことだと思われるかもしれないが、弊害がないわけではない。

その一例として、友好国への武器の譲り渡しや兵器の共同開発ができないために、他国の友軍と協調しにくいという欠点がある。

また、武器が輸出できれば経済も潤う。

実際、ロシアなどは中国やインドへ武器を輸出し、大きな利益を上げているのである。

ただ、近年は武器輸出三原則の見直しが検討され、民主党の野田内閣（2011〜12年）は、武器輸出三原則の緩和に意欲を見せた。

さらに、2012年末に発足した第2次安倍内閣下でも、航空自衛隊の次期戦闘機「F-35A」の「日本で製造した部品」については、武

2009年７月、ロシアで唯一原子力潜水艦製造を手掛ける最大の造船会社「セヴマシュ」の従業員と話すメドベージェフ大統領（当時）。軍事産業に力を入れているロシアは、武器を輸出して経済を潤している（©Kremlin and licensed for reuse under this Creative Commons Licence）

器輸出三原則の適用対象外と認められた。

このように、武器輸出については、今後も緩和が進んでいくだろうと見られている。

「防衛組織」である自衛隊の海外活動における制限

自衛隊は防衛組織であり、「軍」ではないため、先制攻撃は行わない方針（専守防衛：１７８ページ参照）である。

そして、海外への自衛隊派遣も行ってこなかった。

しかし、湾岸戦争を境に状況は一変することとなる。

なぜなら、日本は多国籍軍に対して多額の援助をしたにも関わらず、各国から兵を派遣しないことについて非難を受けた（１９３ページ参照）からだ。

その後、法整備が進むなどして自衛隊の海外派遣は行われるようになったが、現在なお、国際紛争解決のための戦闘については認められていない。

よって、今でも海外での自衛隊の活動は非戦闘地域に限定されており、武器の使用制限も厳しいままなのだ。

憲法改正と自衛隊の「国防軍」化を検討する第2次安倍内閣

このように、自衛隊をあくまで軍ではなく防衛組織と位置づけている以上、様々な問題がつきまとう。

第2次安倍内閣が、憲法改正、そして**自衛隊の「国防軍」化**に関する議論を進めようとしているのは、これらの問題を解消するという目的があるのだ。

とはいえ、その道のりは平坦とは言いがたいだろう。

なぜなら、憲法改正は高いハードルを越える必要があるからだ。

憲法を改正するにあたっては、まず、衆参それぞれの国会議員の総数の3分の2以上による賛成で発議されなければならない。

そして、国会で議決された場合でも、その後、国民投票による国民の承認（有効投票の過半数）が必要となるのだ。

よって、与党が両院において圧倒的多数を占めているような状況ならともかく、そうでなければ、憲法改正を発議することさえ難しいのである。

2012年末に誕生した第２次安倍内閣は、憲法の改正や自衛隊の「国防軍」化に積極的な姿勢を見せている（©TTTNIS and licensed for reuse under this Creative Commons Licence）

そのため、安倍内閣はまず憲法96条（憲法の改正手続きについて規定している条文）を改正し、憲法改正の手続きを簡素化して、国民の理解を求めたうえで、憲法改正を行おうという動きを見せているのである。

とはいえ、当然ながらそれがうまくいくとは限らない。さらに、憲法を改正することが絶対に正しいとも言いきれない。

果たして、自衛隊は今のままの「防衛組織」であるべきなのか。

それとも、他国からの脅威に対する備えを一層向上すべく、憲法を改正して、国防軍と位置づけるべきなのか。

それを判断しなければならないのは、政治家ももちろんそうだが、我々１人１人の声、つまり世論にもかかっているのだ。

自衛隊は他国軍に比べて出動するまでの手続きが大変？

自衛隊の最高指揮官は内閣総理大臣

現在、多くの国では、軍人でなく政治家が軍の最高指揮権を有している。

これを「文民統制」（シビリアン・コントロール）と呼ぶ。

むろん日本も例外ではなく、**自衛隊の「最高指揮官」は内閣総理大臣**だ。

ただし、直接自衛隊を指揮するのは防衛省のトップである防衛大臣で、その下にいるのが、陸・海・空自の「幕僚監部」の幕僚長だ。

この幕僚監部とは、各自衛隊における部隊編成や作戦の立案を行う組織で、幕僚監部の長である幕僚長は、他国軍でいうところの「大将」にあたる。つまり、「陸上幕僚長」は「陸軍大将」に相当するということだ。

そしてかつては、有事の際には、防衛長官（現在の防衛大臣）から命令が下されると、それぞれ（陸・海・空自）の幕僚長が部隊を動かすという運用が行われていた。つまり、各隊ごとに独立した運用が行われていたのだ。

しかし、近年では、テロ対策や弾道ミサイル対策など、即応性を求められるケースが増えてきた。

そのため、前述のような命令系統が見直され

現在、有事の際の防衛大臣（写真上：現防衛大臣・小野寺五典氏）の命令や指示は統合幕僚長（写真下：現統合幕僚長・岩﨑茂氏）が一元化し、状況に応じて３隊を統合運用する形式が採られているが、かつては、陸・海・空自の幕僚長がそれぞれ部隊を動かすという独立した運用が行われていた（下の写真引用元：「統合幕僚監部 HP【http://www.mod.go.jp/js/index.htm】」）

ることになり、2006年、陸・海・空3隊の幕僚監部を統括する**「統合幕僚監部」**が新設された。

この統合幕僚監部の長は、3隊の幕僚長の中から選ばれる「統合幕僚長」だ。

そして、有事の際の防衛大臣の命令や指示は統合幕僚長が一元化し、状況に応じて3隊を統合運用する形式に改められたのである。

自衛隊の「軍事行動」にあたる「防衛出動」

自衛隊法で定められている自衛隊の行動の中で、最も深刻な事態に発せられるのが**「防衛出動」**である。

防衛出動は、外部からの武力攻撃が発生したとき、または、武力攻撃が発生する明白な危険が切迫していると認められたときに、総理大臣の命令によって行われる。

その手順は次の通りだ。

危機の存在が明らかになると、総理大臣は安全保障会議と閣議、さらに国会の承認を事前に得て、出動命令を下す。

この出動命令は、総理大臣から防衛大臣、統合幕僚長、陸・海・空自の幕僚長、そして3隊の各部隊へと下り、敵の攻撃に対処していくのである。

なお、防衛出動の他の自衛隊の出動としては、「治安出動」「警護出動」などがあるが、いずれの場合においても、まず出動命令を下すのは総理大臣だ。

治安出動は警察力で治安を維持することができないと認められる場合に、一方、警護出動は

警護出動訓練を行う自衛隊員（写真引用元：「平成 15 年版 日本の防衛 防衛白書」）

日本国内にある米軍施設や自衛隊施設が破壊される恐れがある場合などに、これを警護するために発せられる。

これら治安出動や警護出動と、防衛出動との大きな違いは**「武力行使」**にある。

というのも、治安出動や警護出動の場合は、犯人逮捕や逃走の防止など、相当な理由がある場合にのみ武器の使用が認められる。

それに対し、防衛出動においては、自衛隊法第88条に「わが国を防衛するため、必要な武力を行使することができる」とある。

よって、言い換えれば、自衛隊にとっては**防衛出動こそが「軍事行動」**とも言えるのである。

ただし、現行の日本国憲法下において、防衛出動命令が発せられたことは、これまでに一度もない。

中国軍・韓国軍の出動手続き

そんな日本に対し、中国では、軍の出動にあたって、「全国人民代表大会」（日本の国会に相当する）の承認は必要ない。

そもそも、中国軍は基本的に共産党の軍隊なので、中国共産党中央軍事委員会の承認さえあれば足りるのだ。

一方、韓国軍の最高指揮官は大統領であるが、軍事行動を起こすには、日本と同様、国会の承認が必要だ。

ただし、韓国大統領は日本の総理大臣よりもはるかに裁量権が大きいため、自身の判断のみで、軍に対して出動命令を下すことも不可能ではない。

特に緊急の場合には「事後承認」も可

実は日本にも、防衛出動についての特例がないわけではない。

外部からの武力攻撃があった場合、前述のように、国会の事前承認を受けなければ自衛隊が出動できないのであれば、迅速に対応できない可能性があるからだ。

実際、ある海上自衛隊の関係者などは、**「防衛出動が発されるまでの間に攻撃を受ければ少なくとも3日はかかり、その間に攻撃を受ければ、部隊は全滅してしまう」**とさえ語っているという。

そこで、２００３年に成立した「武力攻撃事態法」の第９条では、「特に緊急の必要があり事前に国会の承認を得るいとまがない場合」に

中国共産党中央軍事委員会の主席・習近平氏（写真右。国家副主席時代に、当時のアメリカ大統領・ブッシュ氏と握手を交わす様子）。中国軍が動くためには、中国共産党中央軍事委員会の承認さえあれば足りる

限り、自衛隊の出動は「事後承認」でも可能としている。

ただし、出動命令の発令後は、ただちに国会を召集し、承認を得なければならないという規定がある。

そしてこの際、不承認の議決があったときには自衛隊を撤収しなければならない。

すなわち、**敵との交戦中であっても、撤退しなければならない**というケースも考えられるのだ。

このように、近年、防衛出動に関する特例などは増えてきたが、他国と比べると、そのハードルはまだまだ高いことが分かる。

当然、安易な防衛出動は避けるべきだが、さらに議論を尽くし、有事に対してスムーズに対応できるような法整備が望まれるところだ。

自衛隊にとって「専守防衛」という理念が大きなハンデになっている？

攻撃に関しては米軍に頼りきっている自衛隊

日本には**「専守防衛」**という理念がある。

これを背景に、先制攻撃の権利を放棄しただけでなく、攻撃用兵器の配備も否定している。

この攻撃用兵器とは、巡航ミサイルや戦略爆撃機など、要するに、敵基地を破壊することが可能な装備のことを指す。

自衛隊が防衛力（軍事力）を行使できるのは、自国が侵略行為を受けた場合のみに限定されるため、他国への直接攻撃が可能な兵器は専守防衛の理念に反するとして、そのほとんどを不要と判断しているのだ。

これはつまり、自衛隊は、**敵基地を攻撃する能力を自ら放棄**していることに他ならない。

では、もし日本が敵基地を攻撃する必要に迫られた際にはどうするのか。

その場合は、**在日米軍の力を借りる**のだ。

要するに、日本の国防は、自衛隊が国土の防衛を担当し、在日米軍が敵国への攻撃を担当するという形に分かれているとも言える。

ただ、いくらアメリカが同盟国とはいえ、このように、有事の際の攻撃を他国軍に委ねていることは、国際的な常識から考えれば、不安要素の高い状況だと言わざるを得ない。

湾岸戦争時、戦艦ミズーリから発射される米軍の巡航ミサイル「トマホーク」。専守防衛の理念があるため、自衛隊は敵基地を攻撃するためのこうした兵器を保有していない

先制攻撃ができないために生じる不都合

また、そもそも先制攻撃の権利を放棄していることが問題だと言える。

というのも、自衛隊員が出動した場合、目の前で敵軍が軍事展開を行っていても、相手が攻撃してくるまで、攻撃することは許されない。

さらに、国会が自衛隊の緊急の防衛出動を事後承認しなければ、たとえ戦闘中であっても即時撤収となってしまう可能性がある（177ページ参照）。

これは、軍隊としては致命的な弱点と言える。

なぜなら、たとえ自衛隊が敵軍より先に陣地を構築しても、攻撃を受けない限り、**敵の準備が万全になるまで手出しができず**、また、戦闘になっても、**国会の判断次第では陣地を引き払い、明け渡さなければならなくなる**からだ。

専守防衛という理念が逆に平和を脅かす?

一方、自衛隊以外の他国軍には専守防衛の理念はないため、それにともなう制限もない。

例えば、アメリカの場合は、他国への侵略行為は否定しているが、自国に脅威を与えると断定した国家への先制攻撃は認められている。

よって、米軍は敵基地攻撃が可能な兵器を数多く持ち、敵国を侵攻するための兵力も充分に揃っている。

そして当然、中国軍や韓国軍も、先制攻撃をする権利を持ち、攻撃用兵器の配備も認められている。中国軍の爆撃機「H-6」や、韓国軍の巡航ミサイル「玄武」などがその例だ。

むろん、他国に攻撃を仕掛けないという、日本の専守防衛の理念は悪いものではない。

しかし、やはり諸外国のように先制攻撃が可能で、攻撃的兵器を保有しているほうが、戦争を起こさないための抑止力としては効果が高いという意見もある。

つまり、専守防衛に捉われるあまり、自衛隊が今後も攻撃手段を放棄し続けるほうが、**平和が脅かされる可能性が高いかもしれない**ということだ。

そのため、ミサイル防衛の項（68ページ参照）でも書いたように、日本の防衛力をこれまで以上に向上させるためにも、攻撃用兵器の配備や、そのための法改正について、真剣に検討すべき時期がきているのではないだろうか。

中国軍の爆撃機「H - 6」（上）と、韓国軍の巡航ミサイル「玄武」。このように、中国軍や韓国軍は、敵基地攻撃が可能な兵器を保有している（上の写真：©Li Pang and licensed for reuse under this Creative Commons Licence／下の画像引用元：http://www.youtube.com/watch?feature=player_detailpage&v=Lp4QGwrZs74）

自衛隊は他国からのサイバー攻撃に対処ができる態勢を整えているのか？

「サイバー戦争」という新しい形の戦争

現代では、まったく新しい形の戦争が誕生しつつある。それが、コンピュータネットワークを駆使した**「サイバー戦争」**である。

2012年4月、フィリピン大学のサイトが何者かからサイバー攻撃を受け、ダウンするという事件が起きた。

この当時のフィリピンと言えば、中沙諸島の領有権を巡って中国と対立が深まっていた時期である。

このとき改ざんされたページには、「黄岩島（中沙諸島に属す1つの島の中国名）は我々のものだ」と書かれていた。

さらにフィリピンでは、この他にも、政府機関など複数のサイトが使用不能となった。そして分析の結果、攻撃は中国からのものだと断定されたのである。

これに対し、フィリピンからも報復攻撃が行われた。つまり、民間人同士の戦いではあるものの、**一時的にサイバー戦争が勃発した**というわけだ。

こうした動きは軍隊でも進みつつあり、各国の軍は、サイバー攻撃専門の組織を次々に立ち上げている。

サイバー戦に力を入れている中国軍は、広州軍区に「ネット藍軍」という部隊を置いている（写真引用元：「人民網日本語版【http://j.people.com.cn/】2011年6月27日記事」）

アジアにおける「サイバー部隊」の先進国

そんな中、アジアで最もサイバー戦に力を入れているのが中国だ。

実際、中国軍の広州軍区では、**「ネット藍軍」**と呼ばれる組織が編成されているのである。

これは、陸・海・空軍とは違ったまったく新しい組織であり、**サイバー空間での攻撃を専門とした電脳部隊**だ。

ネット藍軍の任務は、サイバー空間での他国への攻撃、自国のネットワークの防衛である。

また、戦時には敵国のネットワークへ迅速に侵入して重要機密を入手する他、サイバー空間を利用した各種の工作活動も行うという。

加えて、他国との電脳戦での優位を確立すべく、中国では、ネット藍軍のような組織を拡充する動きが見られ、また、ハッカーの育成にも力を入れているようだ。

なお、詳細は謎ではあるものの、一説によれば、中国軍にはネット藍軍以外にも、**5万人規模のサイバー部隊が存在する**と見られている。

一方、意外かもしれないが、実は**北朝鮮もサイバー戦を重視している国家**の1つで、小学生にコンピュータの英才教育を行うなどして、「エリートハッカー」を養成しているのだ。

こうして生まれた優秀なハッカーたちの多くは、その後国からスカウトされ、現在ではおよそ800人が、平壌にある施設で、他国へ対してサイバー攻撃を行っているという。

その攻撃対象は主に韓国で、韓国軍のネットワークは1日に数万件もの被害を受けているとさえ言われている。

このように、中国や北朝鮮などが他国に先駆けてサイバー戦へ取り組んでいるのは、社会主義国家は諜報活動を重視する傾向が強いためだと考えられる。

すなわち、中国や北朝鮮は、情報が錯綜するネット空間への適応力が高かったのではないかというわけだ。

サイバー攻撃の恐怖

サイバー専門部隊が行う攻撃としては、多数のコンピュータから大量のデータを送りつけてシステムをダウンさせる「DDoS攻撃」や、ターゲットにウイルスを潜り込ませて、遠隔操作や破壊活動を行うというものがある。

金正恩氏（右）が率いる北朝鮮もサイバー戦を重視している国家の１つである（写真引用元：「平成 24 年版 日本の防衛 防衛白書」）

そして、こうした攻撃によってもたらされる被害は、場合によっては甚大なものになる。

というのも、軍の部隊同士の情報共有が重視されている現代では、ヘリや戦車などといった多くの兵器が、高度にネットワーク化されているからだ。

したがって、もしもサイバー攻撃によって通信システムがダウンしてしまえば、データリンクが遮断され、部隊の統率が難しくなる。

さらに、ハイテク機器の塊である戦闘機や護衛艦は、もはや**動くことさえできなくなる**だろう。

また当然ながら、軍隊だけでなく、民間企業が狙われた場合についても、深刻な事態が生じることが予想される。

例えば、原子力発電所のコンピュータに侵入されてしまえば、大停電を引き起こされるのみならず、**意図的にメルトダウンさせられてしまう**可能性もあるのだ。

これはつまり、サイバー攻撃を駆使すれば、**兵隊や兵器をまるで動かすことなく、一国を壊滅させることも可能**ということである。

サイバー戦に対する自衛隊の防衛態勢

ただもちろん、日本も他国からのサイバー攻撃に対して無防備でいるわけではない。

陸上自衛隊では、2005年にサイバー防衛とサイバー関連情報の調査研究を目的とした「システム防護隊」が組織された。

その3年後には、サイバー攻撃への対処を目的とした自衛隊初の常設統合部隊「自衛隊指揮通信システム隊」が発足した。

さらに、2012年5月には、防衛大臣政務官を委員長とする「サイバー攻撃対処委員会」が設置された。

そして、防衛省と自衛隊では、サイバー攻撃への対処を「6本の柱」に見立て、施策を立てている。これがいわゆる「総合的サイバー攻撃対処6本柱」（次ページの図参照）だ。

この6つの目標のもと、日々進化するサイバー攻撃を分析・研究し、高性能のウイルス侵入防止システムを構築したり、人材育成のための教育を行ったりしているのである。

また、2013年度からは、前述のような自衛隊のサイバー防衛態勢に、**「サイバー空間防衛隊（仮）」**という名の新たな部隊が加わることがほぼ決定している。

①情報通信システムの安全性向上
（ファイアウォール、ウイルス検知ソフトの導入など）
②防護システムの整備
（ネットワーク監視システム、サイバー防護分析装置などの整備）
③規則の整備
（「防衛省の情報保証に関する訓令」の施行、体制の強化など）
④人材育成
（米国カーネギーメロン大学付属機関、国内大学院への留学、防衛大学校における専門教育など）
⑤情報共有などの推進
（内閣官房セキュリティセンター等関係省庁の連携、米軍等関係各国との連携など）
⑥最新技術の研究
（ネットワークセキュリティ分析装置の研究試作など）

防衛省・自衛隊が掲げる「総合的サイバー攻撃対処」のための６本柱

この部隊は、自衛隊指揮通信システム隊の隷下部隊として新設され、日本のサイバー防衛の主力として活用される予定だ。

なお、サイバー空間防衛隊のメンバーには、民間出身者も多く採用されるという情報もあり、実現すれば、官民一体のサイバー空間防衛態勢が確立することになる。

ただし、予定されている隊員数はわずか１００人程度と、その規模は、中国どころか北朝鮮よりもはるかに小さい。

そして今後、サイバー空間における各国のせめぎ合いは、ますます激しさを増していくことだろう。

そのとき、日本が他国の後手後手を踏むような状況にならぬよう、一層のサイバー部隊の強化を求めたいところである。

集団的自衛権問題と武器使用制限問題が自衛隊の海外派遣の足かせになっている？

今日では珍しくなくなった自衛隊の「海外派遣」

1991年、海上自衛隊が初めてペルシャ湾に派遣され、翌92年には、「PKO協力法」などが施行され、自衛隊の海外派遣は正式に認められた。

そして現在では、自衛隊の海外活動は珍しいものではなくなっている。

ただし、海外派遣によって新たな問題が浮上したこともまた事実で、その1つが、よく議論の的となっている**「集団的自衛権」**に関するものだ。

集団的自衛権の問題

多くの国々は、自国の同盟国が他国軍から攻撃を受けた場合には、同盟国に加勢するため、自国の軍隊を派遣するのが普通である。

このような、複数国による防衛執行の権利こそが集団的自衛権であり、これは、国連も緊急時には行使を肯定している権利だ。

なお、このような集団防衛を目的として結成された同盟の代表例が「北大西洋条約機構」（NATO）である。

しかし、日本は、自衛権は国土防衛の範囲内

PKO協力法 成立

衆院本会議 自公民3党で可決

社党、社民連は

政局の焦点

首相、同日選を見送り

1992年、国連平和維持活動協力法（PKO法）が成立し、自衛隊の海外派遣が正式に認められるようになった。ただ、自衛隊の海外派遣によって、様々な問題が浮き彫りになってきている（画像引用元：「読売新聞」1992年6月16日記事）

に留めるべきとしており、集団的自衛権という「権利」自体は認めつつも、それを実際に**「行使」することは許容できない**としているのだ。

とはいえ、自衛隊の海外派遣が活発化すれば、必然的に他国軍同士の戦いに巻き込まれる可能性も高まる。

そして、友軍が戦っている状況にもかかわらず、自衛隊がその戦闘に参加しなければ、**信頼を失ってしまう**ことにもなりかねない。

こうした問題に対処すべく、第2次安倍内閣は、第1次内閣時に設置していた「安全保障の法的基盤の再構築に関する懇談会」を、2013年2月に再開させた。

この懇談会では、集団的自衛権の行使の容認を含む、日本の安全保障関連問題について議論が行われている。

武器使用制限の問題

集団的自衛権の問題同様、自衛隊の海外派遣におけるもう1つの大きな問題が、**自衛隊員の武器使用**に関するものだ。

各国軍が定めている「交戦規定」は、「ROE」(Rules of Engagement)と呼ばれ、自衛隊の場合は、ごく簡単に言えば、「敵から攻撃があるまで手出しをしない」ことをROEの基本としている。

ただ、これでは、自衛隊員たちが自分の身を守るのに不充分だと言える。

自衛隊の派遣先は、危険度の少ない非戦闘地域となってはいるものの、ゲリラやテロリストなどが襲ってくる可能性は当然ゼロではない。

1994年には、難民救援のため、ザイール(現・コンゴ民主共和国)に派遣されたが、このときは、援助に行ったはずの自衛隊が、逆に**ザイール軍の警備支援を受ける**ことになってしまった。

これは、自衛隊員たちは小銃などの軽装備しか許可されず、機関銃も1挺しか携行を許されていなかったからだ。

つまり、このような状態では、敵に襲われた場合、自衛隊員のROEと装備では、やられてしまう可能性が高かったということだ。

こうした背景もあり、自衛隊のROE改訂については、たびたび議題になっていた。

そして、2004年のイラク派遣時に、ようやく新たな規定が定められたのである。

それによれば、怪しい動きを見せた相手に対

イラクでオランダ軍を見送る自衛隊員たちの様子。オランダ軍は友軍だったが、自衛隊は、もしオランダ軍部隊が攻撃された場合でも、自隊が攻撃されない限り相手に手出しができない（写真引用元：「平成17年版 日本の防衛 防衛白書」）

しては、まず「口頭で警告」し、それで従わなければ、「武器を相手に向けて再度警告」する。

それでも相手が引かない場合は、次に「空や地面に向けて威嚇射撃」する。

これらの段階を経て、なお相手がひるまず、攻撃の意思を見せるか実際に攻撃してきた場合には、「実弾による攻撃」が許可されている。

さらに、「事態が急迫して手順のいとまがないとき」などといった状況においては、例外的に、前述の手順を踏まずに危害射撃が行えることも規定された。

これは、確かに画期的な改訂ではあったのだが、問題は、自衛隊のみにしか適応されないということだ。

すなわち、集団的自衛権の絡みもあって、**友軍の隊員が目の前でゲリラに襲われても、自**

衛隊員がゲリラを攻撃することはできないのである。

ちなみに、これに関して、当時の派遣部隊の隊長（佐藤正久氏：80ページ参照）が、後に、「友軍が攻撃された場合には、情報収集の名目で現場に駆けつけ、あえて戦闘に巻き込まれて、正当防衛の名目で友軍を警護するつもりだった」という趣旨の発言を行い、物議をかもしたことがあった。

これが、いわゆる「〝駆けつけ警護〟発言」と呼ばれるものだ。

「カネだけの支援」では国際的に信用されない？

2012年末、日本政府は、ゴラン高原（イスラエル、レバノン、ヨルダン、シリアの国境が接する高原地帯）からの自衛隊の撤退を正式に決定した。

ここは、1996年から自衛隊が国連平和維持活動の一環として活動していた地域で、日本は16年もの長期にわたり、部隊を交代しながら、物資輸送やインフラ整備などの後方支援任務を行ってきた。

だが、日本政府は安全保障会議の場で、支援活動の打ち切りを決めたのである。

その理由は、シリア内戦の激化による治安情勢の悪化だった。

確かに、日本政府としては、危険度が高まるような地域に、自衛隊を置いておきたくはないだろう。

しかし、世界の国々は、自らの安全ばかりを主張する軍や国家を信用しない。

2013年1月に行われた、ゴラン高原派遣輸送隊の隊旗返還式において、小野寺防衛大臣に隊旗を返還する隊長（写真引用元：「統合幕僚監部 HP【http://www.mod.go.jp/js/index.htm】」）

湾岸戦争の際も、日本は約130億ドル（当時のレートで約1兆4000億円）もの大金を拠出したにもかかわらず、**「日本はカネしか出さない」**と非難された。

そして、その後海自の掃海部隊を派遣するまで、非難は続いたのである。

したがって、ゴラン高原のようなケースが将来的にもよく見られることとなれば、日本は他国から呆れられてしまう一方だろう。

ただし、危険な地域で自衛隊が活動するにあたっては、当然ながら堅く身を守るための装備とルールが必要だ。

世界各国で、自衛隊がその能力を存分に活かすためにも、集団的自衛権の問題、武器使用制限の問題について、さらなる活発な議論が求められるのである。

日本は他国と比べて「外国人スパイ」が潜伏しやすい？

中国書記官スパイ疑惑事件

2012年5月、在日中国駐日大使館のある1等書記官が、警視庁公安部から外務省を通じ、出頭命令を受けた。

これは、1等書記官が、虚偽の身分で外国人登録証を取得して銀行口座を開設し、ウィーン条約で禁じられている商業活動をしていた疑いがあることなどが理由だったが、実は、それだけではなかった。

というのも、この書記官が公安に目をつけられた真の理由は、彼が、中国の情報機関である「中国人民解放軍総参謀部第二部」出身の**スパイ（工作員）だという疑いがあった**からなのである。

実際、この書記官は、農林水産省が設立した「農林水産物等中国輸出促進協議会」を通じて日本の輸出事業に関わることで、**農水省の機密情報を盗み出した**とされている。

これが、いわゆる「中国書記官スパイ疑惑事件」である。

しかし、中国の外務省は、この事件について「彼が諜報活動に従事していたとする一連の報道には、まったく根拠がない」という見解を示した。

中国書記官 スパイ活動か

出頭要請拒否し帰

軍出身 身分偽り口座

在日中国大使館の1等書記官(45)が、外国人登録証明書を不正に使って銀行口座を開設し、ウィーン条約㊟で禁じられた商業活動をしていた疑いが強まり、警視庁公安部が外務省を通じて中国大使館に書記官の出頭を要請していたことが政府関係者への取材でわかった。書記官は一時帰国した。中国人民解放軍の情報機関「総参謀部」出身で、公安部は、日本国内で諜報活動をしていたとみており、書記官が接触していた関係者などから一斉に事情を聴き、実態解明を進める。〈関連記事34・35面〉

政財界の要人と接触

開設された口座には日本企業から顧問料などが振り込まれ、工作資金に充てられた疑いもあり、公安部は外国人登録法違反(虚偽申告)での立件に向け捜査している。中国の外交官が日本の国内法規に抵触して立件対象になるのは初めて。

警察当局によると、書記官は2007年7月に経済担当として赴任。中国では人民解放軍傘下の外国語学校を卒業後、世界各国で課

㊟ウィーン条約　身柄が拘束されないなど外交官特権について定めており、1961年に採択された。日本は64年、中国は75年に加入。42条は赴任先で個人的な利得を目的とした職業活動または商業活動を禁止している。罰則はないが、違反行為があった場合、受け入れ国側が「好ましくない人物」として相手国に通告し、帰国させることができる。

原発比率35%は

中間報告案 0〜25%の

経済産業省の総合資源エネルギー調査会基本問題委員会は28日、新たなエネルギー基本計画に盛り込む2030年時点の原子力発電の比率について、「0%」、「15%」、「20〜25%」、「市場の選択に委ねる」――の四つの選択肢を併記した中間報告案を大筋了承した。経産省案では、現状程度の原発の発電能力を維持する「35%案」も盛り込まれていたが、原発依存度をでき

ぐわないとして、選択肢から外して「参考値」とした。今後、政府のエネルギー・環境会議で議論し、今夏に一本化する。細野原発相は25日の閣議後記者会見で、15%案を「一つのベースになり得る」と述べており、政府は今後15%案を軸に検討を進めるとみられる。

再生可能エネルギーは25〜35%、火力発電は35〜50%といずれも現行計画（再

在日中国大使館の１等書記官が、「スパイ活動」を行っていた疑いがあることを報じる新聞記事（画像引用元：「読売新聞」2012年5月29日記事）

つまり、渦中の1等書記官は「スパイではない」と表明したわけだが、スパイであろうがなかろうが、中国が、「彼はわが国のスパイだ」などと認めるはずがないことは言うまでもないだろう。

日本には外国人スパイがうようよしている？

この事件のみならず、現在の日本には、民間人などに扮した中国や北朝鮮のスパイが多数潜伏していると言われている。

しかもその数は、一説によれば、**数万人単位**にもなるとも噂され、そんな彼らが狙う情報は、**軍事に関するものが最も多い**という。

例えば、２００７年には、海上自衛隊のイージス艦の中枢情報が外部へ持ち出されるという

事件が発覚した。

この際の犯人は、海上自衛隊の2曹だったが、彼の**妻が中国人**だったのだ。

つまり、この中国人妻こそが自衛隊の情報を狙うスパイであり、自衛隊員の夫を通じ、情報を盗もうとしていた可能性があるのだ。

スパイを厳しく罰する法律がない日本

このように、日本で外国人のスパイがはびこっていること自体も困りものだが、問題はそれだけではない。

というのも、日本は**スパイに対する罰則が非常に緩い**のだ。

実際、前述の2つの事件では、1等書記官は出頭要請を拒否して本国へ帰国し、一方、中国人妻は国外追放となっておしまいである（しかも、この中国人女性は後に日本に再入国して横浜の中華街に潜伏していたことが判明している）。

これは、日本にスパイ活動を厳しく取り締まる法律そのものがないためだ。

日本や在日米軍の防衛情報を漏洩した者については、自衛隊法第122条、あるいは「日米相互防衛援助協定等に伴う秘密保護法」に基づき、処罰されることにはなっている。

しかし、これらの法では最も重い場合でも懲役10年しか科されず、さらに、自衛隊法第122条は自衛隊の内部犯向けの法律で、**外部からのスパイ活動に対する抑止力にはなっていない**のが実情なのである。

一方、他国では、スパイ活動が発覚した場合

海上自衛隊が保有するイージス艦「きりしま」。もし、こうした艦艇などに関する機密情報が外国に次々と漏れれば、国防にとって大打撃となってしまうだろう

には、スパイ本人とその協力者が終身刑や死刑などの厳罰に処されるような法律が制定されていることがほとんどだ。

日本も、２０１１年に国家の重要情報などの漏洩にブレーキをかけるべく、「秘密保全法」が提案されたが、政府が「秘密の範囲」を広げ過ぎ、必要な情報まで国民に届かなくなる恐れがあるといった反対意見が出るなどして、国会への提出そのものが見送りとなった。

しかし、日本は海外から**「スパイ天国」**と揶揄されるような状況なのだ。

そして、自衛隊の機密情報が漏洩すれば、当然ながら国防の大きな痛手となる。

そのようなことにならないためにも、まずは、日本にはびこる外国人スパイに対して厳罰を下せるような法整備が必要なのである。

様々な制限のせいで自衛隊は他国軍との合同訓練・合同演習が満足にできない？

自衛隊の「訓練」と「演習」

「いざ」というときに備え、自衛隊員は日頃から各種の訓練を行っている。

この「訓練」の定義は、「兵士や部隊の能力向上や特定技能の付与を目的とした行為」であり、個人で行うものから、部隊単位で行われるものまで幅広い。

一方、実際の戦闘を想定した部隊訓練が「演習」である。

これは、部隊や兵器を実際に動かし、状況を設定した実戦形式の模擬戦や、兵器の性能テストを行うというものだ。

こうした自衛隊の訓練や演習は、陸・海・空自がそれぞれに行うものはもちろん、合同で行われる場合もある。

また、警察や海上保安庁といった機関との合同訓練も実施されている。

そして、諸外国の軍隊と合同で訓練や演習を行うこともあり、最も頻繁に行われるのが、同盟国であるアメリカとの合同訓練・合同演習である。

日本が他国と有事になった際には、日米安全保障条約を根拠に、自衛隊は米軍と合同で防衛作戦を行うことになっている。

米陸軍演習場における射撃訓練の様子。日本国内は演習規制が多いため、大規模な演習などはほとんどアメリカで行われる（写真引用元：「平成 23 年版 日本の防衛 防衛白書」）

そんな米軍と合同訓練や合同演習を行うことは、意思の疎通を深めたり、互いの実力を知るなどといったメリットがある。

演習規制の多い日本

ただし、日本国内で行われる合同演習と言えば、コンピュータを使った図上演習程度で、大規模な合同演習に関しては、ほとんどアメリカで行われる。

その理由は、日本に**演習規制が多い**からだ。

例えば、中距離以上のミサイルは、射程が長過ぎるため日本では発射できない。

また、自衛隊の演習場や基地は、民間人の居住地の近くに位置するものも少なくない。

そのため、早朝や夜間の飛行制限、電波干渉防止のための電子戦闘訓練規制といった制約に縛られている場所もある。

こうした地理的制約や規制のため、ミサイルを使った演習や、軍・師団単位の演習は、基本的にアメリカの演習場で行うしかないのが実情なのだ。

多国間演習と集団的自衛権行使の問題

合同演習はアメリカだけでなく、もっと多くの国々と行われることもある。

その1つが、「環太平洋合同演習」、通称「リムパック」だ。

リムパックは、1971年に米海軍主催で初めて開催され、その後、ほぼ2年ごとに行われている。

これは、世界最大規模の多国間海上軍事演習であり、例えば、2012年の参加国は22ヶ国、演習地であるハワイ沖に集結した艦艇は42隻、潜水艦6隻、航空機200機以上で、参加人員数は約2万5000人を数えた。

そして、日本の海上自衛隊も、1980年からリムパックには参加しているのだが、これについても問題が提起されている。

その背景にあるのは、日本国憲法の解釈の問題だ。

2010年に開かれたリムパックにおいて、海上自衛隊の護衛艦は米・豪軍と共に、標的とした艦船を砲撃・撃沈した。

これについて、一部の識者から「参加国が共通の敵対目標に対して直接武力行使をするもので、極めて軍事色が強い」「射撃訓練の実態は、

2010 年に行われた「環太平洋合同演習」（リムパック）の様子。現在では多数の国が参加するリムパックは 1971 年に始まり、海上自衛隊は 1980 年から毎回参加している

多国間の撃沈訓練の一部を構成しており、自国を守るために武力を行使する個別的自衛権の範囲内と説明するには無理がある」などといった意見が出た。

つまり、この訓練に海自が参加したことは、憲法解釈では禁じられている**「集団的自衛権の行使」に抵触しているのではないか**ということだ。

ただし、当時の官房長官・藤村修氏は、「訓練参加国が戦術技量向上のために、時間をそれぞれに区切って順次個別に射撃訓練を行ったものだ。何か集団的に行っているというわけではない」などと述べ、訓練への参加は問題ないとの考えを示した。

また、アメリカのネバダ州・アラスカ州で行われる空戦軍事演習「レッドフラッグ」でも、これと同じような議論が行われる。

すなわち、レッドフラッグに参加している航空自衛隊が他国と合同で行う演習について、「専守防衛の理念に反するのではないか」「集団的自衛権の行使に抵触するのではないか」などという指摘を受けているのである。

制約が多い米軍以外との合同訓練

自衛隊が外国軍と行う合同訓練などの内容は、防衛省設置法にある「所掌事務の遂行に必要な教育訓練」の範囲に限られるとされる。

したがって、防衛や災害復旧といった任務遂行に必要な範囲を超える訓練や、集団的自衛権の行使を前提にした訓練への参加は認められていない。

2012年にアラスカで行われた「レッドフラッグ」に参加した航空自衛隊の「F-15J」。このレッドフラッグにおける他国軍との合同演習においても、リムパック同様、自衛隊の参加については議論がある

つまり、安保条約により自衛隊と共に戦う可能性のある米軍と行う訓練は、その内容についてある程度許容範囲があるが、その他の国と行う場合には、**かなりの制限がある**ということだ。

しかし、自衛隊の実力を知るアジア各国の軍隊は能力向上のため、自衛隊に対して協力を求め始めており、2012年6月に行われた、海自とインド海軍の合同訓練（捜索・救難訓練）なども、その1つといえる。

一方、日本としても、中国の脅威に対抗するという目的などから、米軍だけでなくアジア各国の軍隊と連携を深めておくことは悪いことではない。

そのため、憲法解釈や法改正も含め、自衛隊の合同訓練・合同演習の範囲の問題は、一度見直すべき必要があるのではないだろうか。

自衛隊は化学兵器などを使ったテロ行為に対する備えはあるのか？

外国組織・国内組織を問わずテロが起こされる可能性はある

各国が他国の領土を求めて争うなどした20世紀と比べると、現在は、国家対国家の戦争は起こりにくい時代だと言える。

その代わり、というわけではないだろうが、近年、数が増えているのが**「テロ」**である。

テロは、必ずしも戦車や爆弾など、大がかりな兵器を要するわけではなく、また、少人数でも、場合によっては1人でも起こせる点で恐い。

そして、テロを起こすのは外国人とは限らず、国内の反社会的組織などが起こす危険性も大いにある。

実際、1995年にオウム真理教が起こした「地下鉄サリン事件」などは、まさに化学兵器を使ったテロ行為だった。

では、こうしたテロ行為に対して、自衛隊はどのような備えをしているのだろうか。

陸自の「化学科」を代表する部隊「中央特殊武器防護隊」

地下鉄サリン事件とは、当時のオウム真理教の信者たちが、猛毒の化学物質「サリン」を地下鉄内に散布し、**13人の死亡者と、6000人以上の負傷者を出した**というものだ。

1995年3月20日に起きた、オウム真理教による「地下鉄サリン事件」後、現場を除染する自衛隊員（写真引用元：「防衛白書 平成14年版」）

こうした、サリンのような化学兵器に対処すべく設けられているのが、陸上自衛隊の「化学科」だ。

この化学科を代表する部隊が、防衛大臣直轄の「中央即応集団」の隷下部隊「中央特殊武器防護隊」である。

中央特殊武器防護隊の前身は、「第１０１化学防護隊」という部隊だったが、２００８年に改編され、現在の形になった。

そして、前身である第１０１化学防護隊は、地下鉄サリン事件や、「東海村ＪＣＯ臨界事故」（日本初の原子力事故）に出動している。

つまり、化学兵器に対応した「実戦経験」がある、世界的にも珍しい部隊なのだ。

なお、現在の中央特殊武器防護隊は、東日本大震災時の「福島第一原子力発電所事故」に派遣されている。

ただしこのときは、隊員が着用している防護服では高レベルの放射線は防げないと判断され、結局、原子炉冷却のための注水支援作業を中止することになった。

化学科が対処する「NBC兵器」とは

ところで、陸自の「化学科」は、名称が化学科だからといって、「化学兵器」への対処ばかりに特化しているわけではない。

それは、中央特殊武器防護隊が、前述のように放射能事故の現場にも派遣されていることからも分かるだろう。

具体的には、「核兵器」(Nuclear weapon)、「生物兵器」(Biological weapon)、「化学兵器」(Chemical weapon) という3種の「特殊兵器」からの被害を防ぐことを目的としているのだ。

なお、これらの特殊兵器は、それぞれの頭文字から、**「NBC兵器」**と総称されている。

つまり化学科は、毒ガスのような化学兵器だけではなく、放射能やウイルスや細菌にも対処するということだ。

しかし、中央特殊武器防護隊が創設される以前は、とりわけ生物兵器への対処についての意識が低かった。

防衛庁(現・防衛省)が、生物兵器に対する基本的な考え方を整理することを目的とした連絡会議を設置したのが2001年5月。そこでの結果を踏まえ、「生物兵器対処に係る基本的考え方」という文書をまとめたのが、2002年1月のことだ。

「炭疽菌」の電子顕微鏡写真。これが人間の皮膚に付着するなどすると、「炭疽症」という、死亡率の高い感染症を発症する恐れがある

ただ実は、2001年10月に、アメリカで「炭疽菌《たんそ》」という細菌入りの封筒がテレビ局などに郵送され、5名が死亡、17名が負傷するというテロ事件が起きている。

そのため、防衛庁はこの事件を受け、慌てて文書を取りまとめたのではないかという印象が残ったのである。

「原発テロ」に対する備えが甘い日本

NBC兵器は、少量で大きな効果をもたらせるため、テロにはうってつけだと言える。

核兵器にしても、**「超小型核兵器」（スーツケース型核爆弾）**というものが存在し、その重量はわずか70キロ程度なのだ。

にもかかわらず、威力は広島に投下された原子爆弾の約15分の1もある。

広島原爆で一気に12万人以上の命が奪われたことを考えれば、スーツケース型核爆弾が、まったく侮れないものだということは明らかだ。

また、核を利用する場合、自ら爆弾を用意しなくても、甚大な被害をもたらす方法がある。

それが、**「原発テロ」**だ。

原発テロというのは、例えば何者かが原子力発電所の内部へ侵入し、施設を破壊して放射性物質を放出させてしまうことなどを言う。

そして、これは防衛省や自衛隊というよりもむしろ国や電力会社の責任だが、日本は、**原発テロに対する備えが甘い**と言わざるを得ない。

というのも、原発テロを防ぐため、各電力会社は、万全のセキュリティによって不審な人物の侵入は防ぐことができるとしている。

だが、原発テロを起こそうとしているのが侵入者ではなく、**身分を偽り、職員として潜り込んだ外国人**などだった場合はどうするのか。

実際、福島第一原発事故の際には、作業員の身分証明書のチェックが甘かったことなどが明らかになっている。

こうした事態に対処するため、2013年に入り、ようやく原子力規制委員会が原発テロ対策の有識者検討会を新設し、作業員がテロに協力することなどを防ぐため、身分の確認の徹底に関する制度などについて検討を始めた。

テロが起きた後の被害を抑えることも大事だが、そもそも、テロを起こさせない態勢づくりが肝要だ。

よって今後、原発については一層の厳しい管理態勢が求められるのである。

東日本大震災後、水素爆発を起こして建屋上部が吹き飛んだ福島第一原子力発電所１号機の様子。この際は、地震及び津波という「天災」が原発事故の原因となったが、「原発テロ」という「人災」を起こさせないためにも、今後、原発のセキュリティの強化が求められる（写真引用元：「東京電力 HP【http://www.tepco.co.jp/index-j.html】」）

日本がアメリカと同盟を結んでいるために生じている問題とは？

米軍基地が原因の騒音・事故に悩む周辺住民たち

ご存じのように、日本にとって唯一の軍事同盟国がアメリカ合衆国である。

そしてこのことは、軍隊も攻撃的兵器も持たない日本にとって、非常に重要なことだ。

実際、日中間で軍事衝突が起きた場合などは、アメリカの軍事力が大きな助けになるだろうということは、別項でも書いてきた。

しかし、何事も表と裏があるように、アメリカと同盟を結んでいることも、良いことばかりとは言えないのである。


中でも、日本国内に存在する米軍基地や米軍隊員たちに関する問題、すなわち**「在日米軍問題」**は以前から取りざたされてきた。

現在、日本には約130ヶ所の米軍関連施設が存在するが、そのうち約30ヶ所が沖縄県に置かれており、とりわけ、沖縄本島においては、その総面積のうち約5分の1がこれらの施設にあてられているほどだ。

そして、これほど基地が密集していれば、当然ながら地元住民たちとの間に軋轢も生じる。

中でも、最も大きな問題が、**米軍の航空機が原因の「騒音」**だ。

東アジア最大の嘉手納基地をはじめ、現在、

2013年２月の日米首脳会談にて、握手を交わす安倍首相とオバマ大統領。日本の国防力向上のため日米同盟は重要だが、それに関連する様々な問題もある（写真引用元：「読売新聞夕刊」2013年２月23日記事）

移設に向けての議論が紛糾している普天間基地など、在日米軍の関連施設は、人口密集地付近に設置されていることが多い。

これらの基地周辺の建物は、防音対策をしているものも少なくないが、それでも、軍用機の騒音を完全に防ぐことはまず不可能である。よって、そこに暮らす人々は、騒音に悩まされ、窓も開けられないような状況が続くことも珍しくないのだ。

また、騒音だけではなく、低空飛行訓練などが行われれば、事故の危険性も上昇する。

実際、２００４年８月には、普天間基地所属の米軍ヘリが**沖縄国際大学に墜落、炎上**するという事故が起きた。

このときは、幸いにも死者は出なかった（ヘリに乗っていた米軍隊員は負傷）ものの、人口密集地に基地があることの危うさを、沖縄県民に再確認させることとなった。

そして、こうした騒音問題や事故の問題は、何も沖縄に限ったものではなく、神奈川県の厚木基地の近隣地域など、米軍施設の周辺では、しばしば住民たちを悩ませているのである。

在日米軍隊員が犯罪を犯しても日本の法律で裁けない?

また、素行の悪い米軍隊員の存在も問題だ。

2012年10月、沖縄県で、酒を飲んだ米軍の海兵隊員2名が日本人女性に対して暴行を加え、集団強姦致傷の容疑で逮捕されるという事件が起きた。

さらに、事件から間もない同年11月には、やはり沖縄で泥酔した米軍隊員が民家に侵入し、その家の少年に暴力を振るうという事件が発生している。

このような事件は、沖縄を中心に以前から起きており、むろん、強姦や暴行などといった事件自体も問題なのだが、それ以上に問題なのが、場合によっては、**罪を犯した米軍隊員を日本の法律で裁けない**ことだ。

というのも、「日米地位協定」によれば、在日米軍隊員が犯罪などを犯しても、アメリカ側がその人物の身柄を拘束した場合、日本には引き渡されない。このため、警察や検察は充分な捜査を行うことが難しくなる。

さらに、被疑者が「公務中」とみなされれば、日本の裁判所で裁くことさえできないということになっているのだ。

実際、1995年には、米軍隊員3名が当

東アジア最大の米空軍基地である沖縄県の「嘉手納基地」。この嘉手納基地もそうだが、米軍基地周辺では、騒音問題などで住民が困っているケースが少なくない

時12歳の女子小学生を集団強姦するという痛ましい事件が起きたにもかかわらず、日米地位協定に従い、**事件当初は実行犯の身柄が引き渡されなかった**。

ただしその後、日米両政府間で日米地位協定の運用の改善が合意されたことで、殺人または強姦という重大事件については、被疑者の身柄を日本へ引き渡すことが多少容易にはなった。

そして、前述の事件の犯人3名についても、那覇地裁で懲役6年6ヶ月～7年の実刑判決が下されたが、**日米地位協定そのものの改正は、いまだになされていない**のである。

「オスプレイ」の配備問題

在日米軍問題の中でも、最近、特に注目が集まっているのが、米軍が保有する**「MV・22」（オスプレイ）の配備問題**である。

オスプレイは、アメリカのベル・ヘリコプター社とボーイング・バートル社が共同開発した新型の「垂直離着陸式輸送機」で、ヘリコプターと航空機の特長を兼ね備えている。

そして、このオスプレイが注目されているのは、機体性能の高さだけでなく、事故件数が多いという点にもある。

例えば、2012年4月、モロッコ上空を飛行中のオスプレイが墜落事故を起こし、2名の死者と2名の負傷者を出した。

また、それから約2ヶ月後にはフロリダ州で行われた訓練中に墜落。この際は、乗員5名が負傷している。

オスプレイは、開発段階から現在まで、こうした大小の事故を繰り返しており、2012年までの、事故による**死者は36名にも上る。**

そのため、オスプレイには**「未亡人製造機」（ウィドウメーカー）**という不名誉な称号がついてしまったほどだ。

にもかかわらず、アメリカ政府はオスプレイの在日米軍基地への配備を決定し、しかも、その配備先は普天間基地だった。

ただ、オスプレイを普天間基地に配備すれば、仮に尖閣諸島で有事が起きた場合などに、隊員を迅速に輸送することができるなどのメリットもある。

また、現在のオスプレイは、改良と搭乗員の技量向上で安全性も増したと言われるが、やはり沖縄県民の不安は拭えず、2011年7月、沖縄県議会がオスプレイ配備への抗議決議を全

米軍が保有する垂直離着陸式輸送機「オスプレイ」こと「MV‐22」。普天間基地への配備について、沖縄を中心に様々な反対運動も起きたが、結局、2012 年 10 月に配備されることとなった

会一致で採択するという事態に発展した。

それでも、２０１２年10月、現実にオスプレイは普天間基地に配備された。こうなった以上は、事故が起きないよう祈るばかりだ。

今後、いくら日米が軍事的に緊密化しても、民衆から理解を得られなければ、日米同盟の弊害ばかりに目が行くようになり、**在日米軍の存在が脅威**だと思われかねない。

だが、冒頭でも述べた通り、日米同盟が、特に日本としばしば緊張関係に陥る周辺国に対する強力な抑止力になっていることは事実だ。

そのため、日本政府は、これからも秩序ある日米同盟を維持していくと共に、在日米軍の事故防止などの徹底、また、隊員のモラルの向上をアメリカ政府に訴えていかなければならないのである。

主要参考文献・サイト一覧

「平成24年度版 防衛ハンドブック」朝雲新聞社編集局編著（朝雲新聞社）
「自衛隊装備年鑑2012-2013」朝雲新聞社編集局編著（朝雲新聞社）
「世界の戦闘艦カタログ」多田智彦著（アリアドネ企画／三修社発売）
「新・世界の戦闘機・攻撃機カタログ」清谷信一編（アリアドネ企画／三修社発売）
「図説 自衛隊有事作戦と新兵器」河津幸英著（アリアドネ企画／三修社発売）
「極東有事と自衛隊」自衛隊特別取材班編（アリアドネ企画／三修社発売）
「改訂新版 面白いほどよくわかる自衛隊」志方俊之監修（日本文芸社）
「いま知りたい学びたい 日本と周辺国の国防と軍事」軍事力調査研究会編（日本文芸社）
「最強戦力自衛隊 日本を護る軍事組織の全貌」加藤健二郎監修（コスミック出版）
「航空自衛隊の戦力」菊池征男著（学習研究社）
「最新 自衛隊パーフェクトガイド」歴史群像編集部編（学研パブリッシング）
「そこが知りたい!! 自衛隊100科事典」歴史群像編集部編（学研パブリッシング）
「貴重写真で見る 日本潜水艦総覧」勝目純也著（学研パブリッシング）
「〈決定版〉世界の特殊部隊100」白石光著（学研パブリッシング）
「世界の軍事力が2時間でわかる本」ニュースなるほど塾編（河出書房新社）
「自衛隊完全読本」後藤一信著（河出書房新社）
「図説 ソ連の歴史」下斗米伸夫著（河出書房新社）
「図説 朝鮮戦争」田中恒夫著（河出書房新社）
「誰も知らない自衛隊の真実」井上和彦著（双葉社）
「国防の真実 こんなに強い自衛隊」井上和彦著（双葉社）
「総合国防マガジン 自衛隊FAN」井上和彦監修（双葉社）
「最強！ 自衛隊ガイド」田母神俊雄監修（コアマガジン）

「肥大化する中国軍 増大する軍事費から見た戦力整備」江口博保編著／吉田曉路編著／浅野亮編著（晃洋書房）
「誰も語らなかった防衛産業」桜林美佐著（並木書房）
「BMD〈弾道ミサイル防衛〉がわかる 突如襲い来る弾道ミサイルの脅威に対抗せよ」金田秀昭著（イカロス出版）
「イージス艦入門 最強防空システム搭載艦のすべて」菊池雅之著（イカロス出版）
「米軍が見た自衛隊の実力」北村淳著（宝島社）
「今こそ知りたい！自衛隊の実力」（宝島社）別冊宝島編集部編
「別冊宝島Real 石破茂・前原誠司ほかが集中講義！日本の防衛7つの論点」黒井文太郎編（宝島社）
「別冊宝島1550 自衛隊vs中国軍『超限戦』勃発！」（宝島社）
「別冊宝島1615 公開！世界の特殊部隊」笹川英夫監修（宝島社）
「別冊宝島1869 CGでリアルシミュレーション！田母神俊雄の自衛隊vs中国軍」田母神俊雄監修（宝島社）
「別冊宝島1915 シミュレーション！自衛隊『尖閣・竹島防衛戦』」（宝島社）
「情報戦争の教訓 自衛隊情報幹部の回想」佐藤守男著（芙蓉書房出版）
「現代の特殊部隊 テロと戦う最強の兵士たちその組織、装備、作戦を見る」坂本明著（文林堂）
「最強！特殊部隊スーパーファイル」笹川英夫著（竹書房）
「こんなにスゴイ最強の自衛隊」菊池雅之著（竹書房）
「もしも日本が戦争に巻き込まれたら！日本の『戦争力』vs北朝鮮、中国」小川和久著／坂本衛著（アスコム）
「日本人が知らない軍事学の常識」兵頭二十八著（草思社）
「日中関係史1972-2012Ⅰ政治」高原明生編／服部龍二編（東京大学出版会）
「図説 台湾の歴史」周婉窈著／濱島敦俊監訳／石川豪訳／中西美貴訳（平凡社）
「中国と台湾 統一交渉か、実務交流か」中川昌郎著（中央公論社）
「メガチャイナ 翻弄される世界、内なる矛盾」読売新聞中国取材団著（中央公論新社）
「台湾問題 中国と米国の軍事的確執」平松茂雄著（勁草書房）
「実戦スパイ技術ハンドブック」バリー・デイヴィス著／伊藤綺訳（原書房）
「台湾の歴史 古代から李登輝体制まで」喜安幸夫著（原書房）

「Welfare Magazine総集編2012・2013 自衛隊の仕事全ガイド」Welfare Magazine編集部編（原書房）
「総図解 よくわかる世界の紛争・内乱」関真興著（新人物往来社）
「そうだったのか！ 中国」池上彰著（集英社）
「戦争・革命でよむ世界史 総解説」三浦一郎ほか著（自由国民社）
「これが潜水艦だ 海上自衛隊の最強兵器の本質と現実」中村秀樹著（光人社）
「潜水艦を探せ ソノブイ感度あり」岡崎拓生著（光人社）
「米中冷戦の始まりを知らない日本人」日高義樹著（徳間書店）
「ホントに強いぞ自衛隊！ 中国人民解放軍との戦争に勝てる50の理由」加藤健二郎著／古是三春著（徳間書店）
「『中国の戦争』に日本は絶対巻き込まれる」平松茂雄著（徳間書店）
「どっちがおっかない!? 中国とアメリカ」田母神俊雄著／青木直人著（幻冬舎）
「戦後アメリカ外交史」佐々木卓也編（有斐閣）
「これでいいのか日米安保『日米同盟』の本質」労働者教育協会編（学習の友社）
「これが沖縄の米軍だ 基地の島に生きる人々」石川真生写真／國吉和夫写真／長元朝浩解説（高文研）
「裁かれる核」朝日新聞大阪本社「核」取材班著（朝日新聞社）
「図説 ニュースの裏が見えてくる！『核』の世界地図」浅井信雄監修（青春出版社）
「核問題ハンドブック」和田長久編／原水爆禁止日本国民会議編（七つ森書館）
「14歳からのリアル防衛論」小川和久著（PHP研究所）
「世界の軍隊バイブル」世界軍事研究会著（PHP研究所）
「世界の『スパイ』秘密ファイル」グループSKIT編著（PHP研究所）
「図解雑学 自衛隊」高貫布士著／斎木伸生著／田村尚也著（ナツメ社）
「中国の海洋戦略にどう対処すべきか」太田文雄著／吉田真著（芙蓉書房出版）
「軍事大国日本の行方 アジアの軍事情勢と日本の安全保障を考える」江畑謙介著（KKベストセラーズ）
「いまこそ知りたい自衛隊のしくみ」加藤健二郎著（日本実業出版社）

「災害派遣と「軍隊」の狭間で 戦う自衛隊の人づくり」布施祐仁著（かもがわ出版）
「ワールド・ムック612 兵士の給食・レーション 世界のミリメシを実食する」菊月俊之著（ワールドフォトプレス）
「週刊アサヒ芸能増刊 日本の領土防衛の真実」（徳間書店）
「SAPIO 2013年2月号」（小学館）
「防衛白書 平成14年版」防衛庁編（財務省印刷局）
「平成15年版 日本の防衛 防衛白書」防衛庁編（ぎょうせい）
「平成16年版 日本の防衛 防衛白書」防衛庁編（国立印刷局）
「平成17年版 日本の防衛 防衛白書」防衛庁編（ぎょうせい）
「平成22年版 日本の防衛 防衛白書」防衛省編（ぎょうせい）
「平成23年版 日本の防衛 防衛白書」防衛省編（ぎょうせい）
「平成24年版 日本の防衛 防衛白書」防衛省・自衛隊編（佐伯印刷）

防衛省・自衛隊HP（http://www.mod.go.jp/）
陸上自衛隊HP（http://www.mod.go.jp/gsdf/）
海上自衛隊HP（http://www.mod.go.jp/msdf/）
航空自衛隊HP（http://www.mod.go.jp/asdf/）
防衛省 技術研究本部HP（http://www.mod.go.jp/trdi/）
中央即応集団HP（http://www.mod.go.jp/gsdf/crf/pa/）
陸上自衛隊第15旅団HP（http://www.mod.go.jp/gsdf/wae/15b/15b/index.html）
海上自衛隊掃海隊群HP（http://www.mod.go.jp/msdf/mf/index.html）
第3護衛隊群HP（http://www.mod.go.jp/msdf/ccf3/index.html）
航空総隊HP（http://www.mod.go.jp/asdf/adc/）
自衛隊神奈川地方本部HP（http://www.mod.go.jp/pco/kanagawa/index.html）
統合幕僚監部HP（http://www.mod.go.jp/js/index.htm）

東京電力（http://www.tepco.co.jp/index-j.html）
自由民主党（http://www.jimin.jp/）
日本共産党（http://www.jcp.or.jp/）
読売新聞（http://www.yomiuri.co.jp/）
日本経済新聞（http://www.nikkei.com/）
毎日jp（http://mainichi.jp/）
ＭＳＮ産経ニュース（http://sankei.jp.msn.com/）
朝雲新聞社（http://www.asagumo-news.com/）
Ｊ・ＣＡＳＴニュース（http://www.j-cast.com/）
日本ユニセフ協会（http://www.unicef.or.jp/）
アウンコンサルティング株式会社（http://www.auncon.co.jp/）
世界経済のネタ帳（http://ecodb.net/）
世界ランキング統計局（http://10rank.blog.fc2.com/）
ＹｏｕＴｕｂｅ（http://www.youtube.com/）
中央日報（http://japanese.joins.com/）
サーチナニュース（http://searchina.ne.jp/）
ＫＢＳ Ｗｏｒｌｄ Ｒａｄｉｏ（http://world.kbs.co.kr/japanese/）
レコードチャイナ（http://www.recordchina.co.jp/）
チャイナネット（http://japanese.china.org.cn）
人民網日本語版（http://j.people.com.cn/）
欧华传媒网（http://www.ouhuaitaly.com/）

タイクツさせない

彩図社ペーパーバックシリーズ

どのような経緯で自衛隊は発足したのか？

自衛隊の中にある特殊部隊とは？

自衛隊員は儲かるのか？

日本が攻撃されたとき、米軍は日本を守ってくれるのか？

こうした疑問に対する解説を通じて、本書が、自衛隊というものについて考える一助となれば幸いである。

知られざる 自衛隊の謎

自衛隊の謎検証委員会編
ISBN 978-4-88392-813-2
B６判　定価 550 円（税込）

あのナチスは決して、暴力的な方法だけで民衆を取り込んだわけではなかった。
ヒトラーによる派手な演説、一般庶民に優しい政策、お祭りのような党大会やオリンピックの開催、他国の首脳にしかけた心理戦、自分たちで作ったラジオやテレビを駆使した大々的な宣伝——あらゆる分野でナチスの陰謀を暴く！

ナチスの陰謀

歴史ミステリー研究会編
ISBN 978-4-88392-904-7
B６判　定価 550 円（税込）

タイクツさせない
彩図社ペーパーバックシリーズ

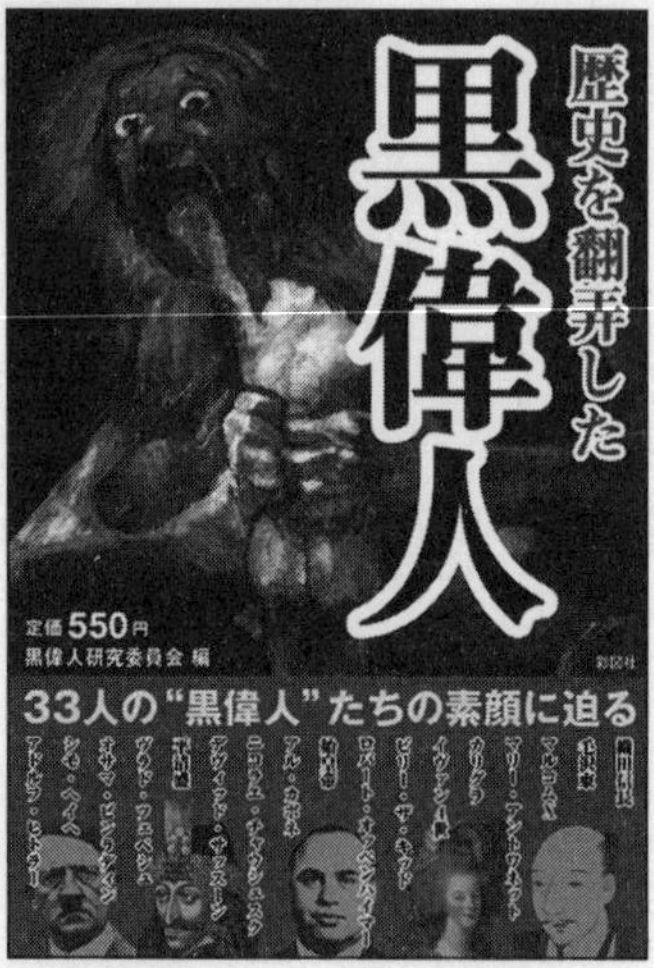

第1章・黒い独裁者
アドルフ・ヒトラーほか
第2章・黒い英雄
シモ・ヘイヘ／織田信長ほか
第3章・黒い反逆者
マルコムX／道鏡ほか
第4章・黒い大富豪
マリー・アントワネットほか
第5章・黒い政治家
始皇帝／カリグラほか

歴史を翻弄した
黒偉人
黒偉人研究委員会編
ISBN 978-4-88392-768-5
B6判　定価550円（税込）

・開催するたびに死者が出る、インドの「石投げ祭」
・手のひらに釘を打ち、はりつけになる、フィリピンの「聖週間」
・「笑い」がテーマの日本の奇祭、「笑い講」と「笑い祭」
・麻酔もなく少女の性器を切断する、アフリカの「女性器切除」
…など、海外・国内を問わず「仰天の奇習・風習」にせまる！

仰天！ 世界の奇習・風習
世界の文化研究会編
ISBN 978-4-88392-890-3
B6判　定価550円（税込）

タイクツさせない
彩図社ペーパーバックシリーズ

UFOや霊、オーパーツなど、この世には常識では説明できない超常現象が溢れている。
その真相はいったい何なのか。超常現象を調査し、伝説に隠された真実を暴き出す、大好評『謎解き超常現象』シリーズからエピソードを厳選。さらに本書でしか読めない「新作謎解き」も多数収録。真相を求めるすべての人々へ、超常現象謎解き本の決定版！

謎解き超常現象ＤＸ
ASIOS 著
ISBN 978-4-88392-896-5
B６判　定価 580 円（税込）

「人間の手でブラックホールを生んでしまうおそれがある実験」

「命にかかわることもある禁断の果実・ドーピング」

「国内外の恐るべき臨界事故の事例」

「コンピュータの能力が人間を上回ってしまう日」

などなど、科学にまつわる怖ろしい話を、計33本収録！

本当は怖い 科学の話
科学の謎検証委員会編
ISBN 978-4-88392-836-1
B６判　定価 550 円（税込）

中国軍《ちゅうごくぐん》・韓国軍《かんこくぐん》との比較《ひかく》で見《み》えてくる

アジア最強《さいきょう》の自衛隊《じえいたい》の実力《じつりょく》

2013年4月24日第1刷

編者　自衛隊の謎検証委員会

制作　オフィステイクオー

発行人　山田有司

発行所　株式会社　彩図社《さいずしゃ》

〒170-0005

東京都豊島区南大塚3-24-4　ＭＴビル

TEL 03-5985-8213　FAX 03-5985-8224

URL：http://www.saiz.co.jp

http://saiz.co.jp/k（携帯）→

郵便振替　00100-9-722068

印刷所　新灯印刷株式会社

ISBN978-4-88392-909-2 C0095

乱丁・落丁本はお取り替えいたします。

本書の無断複写・複製・転載を固く禁じます。

©2013.Jieitainonazo Kensho Iinkai printed in japan.

※本書に書いている国内・海外情勢、人物の肩書、外国通貨の円換算などは、特に断り書きがない限り、2013年2月現在のものです。